高等院校艺术设计专业精品系列教材

Soft Decoration and Furnishings Design

软装与
陈设设计

赵 梦 刘 雯 **主编**

U0242298

中国轻工业出版社

图书在版编目（CIP）数据

软装与陈设设计 / 赵梦，刘雯主编. —北京：中国轻工业出版社，2022.5

全国高等教育艺术设计专业规划教材

ISBN 978-7-5184-1617-2

Ⅰ.①软… Ⅱ.①赵…②刘… Ⅲ.①室内装饰设计—高等学校—教材 Ⅳ.①TU238.2

中国版本图书馆CIP数据核字（2017）第224880号

内 容 提 要

本书以大量精致的图片，完整清晰的叙述方式，讲述软装与陈设设计的各个领域专业知识，包括其中的概述、设计过程、设计元素、色彩、多种风格、空间案例等内容，呈现了软装与陈设设计领域内的广泛性与多元化特征。此外还添加了总结式表格以及课外补充知识。本书可作为所有环境设计、装饰设计专业相关课程教学用书，对各类设计的从业人员、艺术爱好者等也有较高的参考及收藏价值。

本书各章配二维码PPT课件，请读者在计算机中阅读。

责任编辑：王　淳　李　红

策划编辑：王　淳　　　责任终审：孟寿萱　　封面设计：锋尚设计

版式设计：锋尚设计　　责任校对：晋　洁　　责任监印：张京华

出版发行：中国轻工业出版社（北京东长安街6号，邮编：100740）

印　　刷：艺堂印刷（天津）有限公司

经　　销：各地新华书店

版　　次：2022年5月第1版第4次印刷

开　　本：889×1194　1/16　印张：8

字　　数：250千字

书　　号：ISBN 978-7-5184-1617-2　定价：48.00元

邮购电话：010-65241695

发行电话：010-85119835　传真：85113293

网　　址：http://www.chlip.com.cn

Email：club@chlip.com.cn

如发现图书残缺请与我社邮购联系调换

220496J1C104ZBW

前言
PREFACE

随着人们生活水平的提高，人们更向往温馨舒适的环境空间，环境空间并不在于面积大小，而在于气氛的营造；不追求家具的华丽，而倾向于舒适的设计；不盲从时尚的潮流，只关乎自己的喜好。如此才能让身心得到全面的放松。如今面对纷繁复杂的社会，人们更加注重精神层面的需求，软装与陈设设计就是人们对美的追求反映。现代软装与陈设的市场非常广阔，逐渐发展成为建筑及环境设计中不可或缺的一部分。在不久的将来，甚至有可能超越硬装，成为环境设计中最重要的环节。

环境设计本来就是一项非常复杂的工作，其包含的内容较多，并且随着时代的发展而不断更迭，本书结合市场需求和行业发展状况，旨在用简洁的文字、形象的图片、清晰的表格，让读者以一种轻松的状态去掌握软装与陈设设计知识。

对于软装与硬装的区别，有的设计师认为"软装饰"就是室内陈设，两者的概念差不多；有的设计师则认为两者不完全一样，他们觉得"软装饰"应该是属于室内陈设的一部分，它是建立在硬装修之上的设计，以期达到完整性的延续，是家具陈设、家具设计、色彩搭配、功能理念的总和。

软装饰，即是指在环境空间设计中可以移动的、易于更换的陈设物品，如窗帘、沙发、靠垫、壁挂、地毯、床上用品、灯具等以及装饰工艺品、绿化植物等，软装设计是对环境空间的二次设计与布置。硬装饰则指在传统装修中的拆墙、铺设管线、做吊顶、刷涂料等施工活动制作出固定的、不能移动的构造物，如地板、顶棚、墙面以及门窗等。因此，"软装"一词成为近年来约定俗成的一种说法，迅速成为一门独立而富有朝气的艺术行当。

软装与陈设设计注重对环境空间的美学提升，注重空间的风格化、体现独特个性化。软装设计的主导思想是"以人为本"，一个空间里的陈设设计要体现出主人的品位，就要将家具、灯具、布艺、花艺等进行合理的融合，营造出符合美学的空间环境。在如今的环境设计中，软装饰越来越多地被重视，甚至在某些单套环境空间的装饰中，软装饰的造价比例已经超过硬装修的造价比例了，这也证实了软装在整个环境设计中的重要性，"轻装修、重装饰"已是业界的主流趋势。

本书在汤留泉老师指导下编写而成，并得到以下同事、同学的支持：袁倩、鲍雪怡、叶伟、仇梦蝶、肖亚丽、刘峻、刘忍方、向江伟、董豪鹏、陈全、黄登峰、苏娜、毛婵、徐谦、孙春燕、李平、向芷君、柏雪、李鹏博、曾庆平、万丹，感谢他们为此书提供素材、图片等资料。

编者

目 录
CONTENTS

第一章
软装与陈设
设计概述

学习难度：★★★☆☆
重点概念：软装设计、陈设设计、发展情况、类别

◣ 章节导读

软装，即软装修、软装饰。软装设计所涉及的软装产品包括家具、灯饰、窗帘、地毯、挂画、花艺、饰品、绿植等。根据客户喜好和特定的软装风格通过对这些软装产品进行设计与整合，最终对空间按照一定的设计风格和效果进行软装工程施工，最终使得整个空间和谐温馨、漂亮（图1-1）。

图1-1 卧室软装设计

第一节 软装与陈设设计概念

软装是相对于建筑本身的硬结构空间提出来的，是建筑视觉空间的延伸和发展。软装对现代环境空间设计起到了烘托环境气氛、创造环境意境、丰富空间层次、强化室内环境风格、调节环境色彩等作用，毋庸置疑地成为室内设计过程中画龙点睛的部分。

一、什么是软装设计

在环境设计中，室内建筑设计可以称为"硬装设计"，而陈设艺术设计可以称为"软装设计"。"硬装"是建筑本身延续到室内的一种空间结构的规划设计，可以简单理解为一切室内不能移动的装饰工程（图1-2）；而"软装"可以理解为一切室内陈列的可以移动的装饰物品，包括家具、灯具、布艺、花艺（图1-3）、陶艺、摆饰、挂件、装饰画等，"软装"一词是近几年来业内约定成俗的一种说法，其实更为精确的应该称为"陈设"。陈设是指在某个特定空间内家具陈设、配饰等软装饰元素通过完美设计手法将所要

图1-2 硬装中的墙体和地板等

图1-3 软装中的花艺

表达的空间意境呈现出来。

二、什么是陈设设计

陈设也可称为摆设、装饰，俗称软装饰。"陈设"可理解为摆设品、装饰品，也可理解为对物品的陈列、摆设布置、装饰。

陈设品是指用来美化或强化环境视觉效果的、具有观赏价值或文化意义的物品。换一种角度说，只有当一件物品既具有观赏价值、文化意义，又具备被摆设（或陈设、陈列）的观赏条件时，该物品才能称作为陈设品。就陈设品的概念而言，它包括室外陈设品（图1-4）和室内陈设品（图1-5）两部分内容。但近年来人们对室外陈设品都称为"小品"，故通常提到的陈设品都指室内陈设品。

陈设品的内容丰富。从广义上讲环境空间中，除

了围护空间的建筑界面以及建筑构件外，一切实用或非实用的可供观赏和陈列的物品，都可以作为陈设品。根据陈设品的性质分类，陈设品可分为四大类：

1. 纯观赏性的物品

主要包括艺术品、部分高档工艺品等。纯观赏性物品不具备使用功能，仅作为观赏用，它们或具有审美和装饰的作用，或具有文化和历史的意义（图1-6）。

2. 实用性与观赏性为一体的物品

主要包括家具、家电、器皿、织物等。这类陈设品既有特定的实用价值，又有良好的装饰效果（图1-7）。

3. 因时空的改变而发生功能改变的物品

一般指那些原先仅有使用功能的物品，但随着时间的推移或地域的变迁，这些物品的使用功能已丧失，同时它们的审美和文化的价值得到了升值，因此

图1-4 室外陈设花卉盆景

图1-5 室内陈设陶瓷摆件

图1-6 高档树脂工艺品摆件

图1-7 沙发抱枕

而成为珍贵的陈设品。如远古时代的器皿、服饰甚至建筑构件等。又如异国他乡的普通物品都可以成为极有意义的陈设品（图1-8）。

4. 原先无审美功能的经过艺术处理后成为陈设品的物品

这类物品可分两类：一类是原先仅有使用功能的物品，将它们按照形式美的法则进行组织构图，就可以构成优美的装饰图案，另一类是那些既无观赏性，又没有使用价值的物品，经过艺术加工、组织、布置后，就可以成为很好的陈设品（图1-9）。

图1-8 老式收音机

三、软装与陈设设计有何用

软装应用于环境空间设计中，不仅可以给居住者视觉上的美好享受，也可以让人感觉到温馨、舒适，具有自身独特的魅力。

1. 表现环境风格

环境空间的整体风格除了靠前期的硬装来塑造之外，后期的软装布置也非常重要，因为软装配饰素材本身的造型、色彩、图案、质感均具有一定的风格特征，对环境风格可以起到更好的表现作用（图1-10、图1-11）。

2. 营造环境氛围

软装设计对于渲染空间环境的气氛，具有巨大的作用（图1-12）。不同的软装设计可以造就不同的室内环境氛围，例如，欢快热烈的喜庆气氛、深沉凝重的庄严气氛，给人留下不同的印象（图1-13）。

3. 调节环境色彩

在现代环境设计中，软装饰品占据的面积比较大（图1-14）。在很多空间里，家具占的面积大多超过了40%，其他如窗帘、床罩、装饰画等饰品的颜色，对整个空间的色调形成起到很大的作用（图1-15）。

4. 随心变换装饰风格

软装另一个作用就是能够让环境空间随时跟上潮

图1-9 啤酒瓶盖立体壁画

图1-10 米黄色调软装表现温馨浪漫的风格

图1-11 白蓝相间的色调软装表现简约舒适的风格

图1-12 咖啡厅的休闲氛围

图1-13 餐厅的舒适氛围

图1-14 大面积的装饰画

图1-15 大面积的木质家具

流，随心所欲地改变居家风格，随时拥有一个全新的风格（图1-16、图1-17）。例如，可以根据心情和四季的变化，随时调整布艺，夏天换上轻盈飘逸的冷色调窗帘，换上清爽的床品，浅色的沙发套等，这时就立刻显得凉爽起来（图1-18）。

图1-16 适合春季的颜色鲜艳的窗帘

图1-17 适合夏季的轻盈的窗帘

图1-18 适合冬季的较厚的窗帘

─ 补充要点 ─

软装陈设与空间设计的关系

软装陈设设计与环境设计是一种相辅相成的枝叶与大树的关系，不可强制分开。只要存在设计的环境中，就会有软装陈设设计的内容，只是多与少、高与低的区别。只要是属于软装陈设设计的门类，必然是处在设计的环境之中，只是与环境是否协调的问题。但有时在某种特殊情况下，或因时代形势发展的需求，软装陈设设计参与设计的要素较多，形成了以软装陈设为主的设计环境。

第二节 软装与陈设市场的发展情况

一、背景

软装饰艺术发源于现代欧洲，又称为装饰派艺术，也称"现代艺术"。它兴起于20世纪20年代，随着历史的发展和社会的不断进步，在新技术蓬勃发展的背景下，人们的审美意识普遍觉醒，装饰意识也日益强化。经过近10年的发展，于20世纪30年代形成了软装饰艺术。软装饰艺术的装饰图案一般呈几何形，或是由具象形式演化而成，所用材料丰富且贵重，除天然原料（如玉、银、象牙和水晶石等）外，也采用一些人造物质（如塑料，特别是酚醛材料、玻璃以及钢筋混凝土之类）。其装饰的典型主题有动物

（尤其是鹿、羊）、太阳等，借鉴了美洲印第安人、埃及人和早期的古典主义艺术，体现出自然的启迪。出于各种原因，软装饰艺术在二战时不再流行，但从20世纪60年代后期开始再次引起人们的重视，并得以复兴。现阶段软装饰已经达到了比较成熟的程度（图1-19、图1-20）。

软装历来就是人们生活的一部分，它是生活的艺术，在古代，人们已懂得用鲜花和油画等来装饰房屋（图1-21），用不同的装饰品来表现不同场合的氛围，现代人更加注重用不同风格的家具，饰品和布艺来表现自己独特的品味和生活情调（图1-22）。随着经济全球化的发展，物质的极大丰富带给人们琳琅满目的

图1-19 现代软装中的家具

图1-20 现代软装中多种的饰品材料

图1-21　中国清代室内盆景装饰

图1-22　现代多样的家具和饰品

图1-23　花艺店

图1-24　家具店

商品和更多的选择，怎么样的搭配更协调，更高雅，更能彰显居者的品味，成为一门艺术，于是诞生了软装饰行业。

随着时代的不断发展，软装饰走入了人们的生活，对这一起源于欧陆，风靡整个世界的装饰理念，中国人也是这些年才了解的，当然还是从沿海地区发展到内陆。软装饰更可以根据空间的大小形状、人的生活习惯、兴趣爱好和各自的经济情况，从整体上综合策划装饰装修设计方案，体现出人的个性品位，而不会千篇一律。相对于硬装修一次性、无法回溯的特性，软装修却可以随时更换，更新不同的元素。

二、当今状况

国内自从1997年家装行业正式诞生至今，随着业主需求的不断提高，装饰装修行业对设计师们提出了新的要求，市场上室内设计师们的角色也发生了较大的变化。虽然近两年软装设计师在北京、上海、广州、杭州逐渐兴起，但是从业人员的数量远远满足不了市场需求。

在国内，当前市场上出现了许多在室内设计机构之外而独立的软装设计公司，一般都是等项目设计完成后甚至是施工完成后再介入进来，软装设计公司根据硬装设计师的意向、概念帮他们做后期的配饰。因此软装陈设设计是一项整体的工作，若是将它分拆成两个部分，后面这一部分的设计师对前面设计师的理念理解，存在很大的不确定性与歧异性，这就会给完整的项目设计结果带来了一种风险，因为他们双方在设计与沟通上存在一定脱节与断裂行为。随着国内设计领域整体发展进度的快速推进，以及与国外室内设计的频繁交流，软装设计与环境空间设计的距离必然会被逐步拉近，最终会结合成为一体，这是一个大的发展趋势（图1-23、图1-24）。

三、未来趋势

在个性化与人性化设计理念日益深入人心的今天，人的自身价值的回归成为关注的焦点。要创造出理想的室内环境，就必须处理好软装饰。

从满足用户的心理需求出发，根据政治和文化背景，以及社会地位等不同条件，满足每个消费者群的不同的消费需求，设计出属于个人理想的软装饰空间，只有针对不同的消费群做深入研究，才能创造出个性化的室内软装饰（图1-25）。只有把人放在首位、以人为本，才能使设计人性化（图1-26）。

作为一个软装设计师，要以居住的人为主体，结合环境空间的总体风格，充分利用不同装饰物所呈现出的不同性格特点和文化内涵，使单纯、枯燥、静态的室内空间变成丰富的、充满情趣的、动态的空间（图1-27）。

目前中国软装设计对象主要是相对富有的高端业主，主要项目包括：中高档住宅，别墅（图1-28），房地产样板间（图1-29），高档奢侈品展示厅，高档商品店面陈列，家居类产品展会布置与店面设计。从地域分布来看，国内的软装设计师与设计机构主要出现在北京、上海、广州、深圳等经济相对发达的一线城市。

随着软装设计的普及以及先进观念的深入迅速传播，中国正孕育着巨大的软装及家居饰品行业消费潜力，也是下一个会被追捧的创业蓝海之一。在国外，软装配饰概念已经十分普及，一般不用市场的引导，消费者自然会在一年四季更换家具搭配，营造不同的感受。正是因为欧美国家行业体系已经成熟，并且在过去50年来积累了大量行业经验，所以欧美企业的经验大可为国内要涉足此行业的人士及企业提供参考。软装是中国市场驱动的特定结晶，是当前时代的必然产物，随着我国设计行业的加速推进，软装设计与空间设计的距离必然会像欧美国家一样渐渐拉近，并最终合为一体。

图1-25　个性化的室内软装饰

图1-26　人性化的室内软装饰

图1-27　充满情趣的酒店室内设计

图1-28　别墅软装设计

图1-29　房地产样板间软装设计

第三节　软装与陈设的分类

一、按材料分类

软装饰种类繁多，使用的材料种类也繁多，如花艺、绿色植物、布艺、铁艺（图1-30）、木艺（图1-31）、陶瓷（图1-32）、玻璃（图1-33）、石制品、玉制品、骨制品（图1-34）、印刷品、塑料制品等，都属于传统材料。而玻璃钢、贝壳制品（图1-35）和金属制品等，都属于新型材料。

二、按功能性分类

装饰性陈设品主要是指具有观赏性的软装陈设，如雕塑、绘画、纪念品、工艺品、花艺等，此类装饰品有一部分属于奢侈品范畴（图1-36），不是每个消费者都会选择，但是一旦选择正确，能大大提高室内空间的艺术品味。

功能性陈设品是指具有一定实用价值并具有观

图1-30　铁艺壁挂

图1-31　木质吊灯

图1-32 陶瓷花瓶

图1-33 玻璃马赛克花瓶

图1-34 骨制品雕刻

图1-35 贝壳制品

图1-36 珊瑚树摆件

赏性的软装陈设，大到家电、家具（图1-37），小到餐具（图1-38）、衣架（图1-39）、灯具（图1-40）、织物（图1-41）、器皿（图1-42）等，此类软装陈设放在环境空间中，不仅实用，又具有装饰效果，是大多数业主非常喜爱的产品。

三、按收藏价值分类

增值陈设品，如字画、古玩（图1-43）等，此类装饰品具有一定工艺技巧和有升值空间的工艺品、艺术品，都属于增值收藏品。其他无法升值的则属于

图1-37 家具

图1-38 餐具

图1-39 树形挂衣架

图1-40　台灯

图1-41　布艺创意抱枕

图1-42　储藏器

非增值装饰品，例如普通花瓶、相框（图1-44）、时尚摆件等。

四、按摆放位置分类

这里主要是指摆件，如雕塑、铁艺、铜艺、不锈钢雕塑、石雕、铜雕、玻璃钢、树脂、玻璃制品、陶瓷、瓷、黑陶、陶、红陶、白陶、吹瓶、脱蜡琉璃、水晶、黑水晶、木雕、花艺、花插（图1-45）、浮雕、装饰艺术、仿古、仿古做旧、艺术漆、手绘大理石、特殊油漆等都属于这一系列。摆件的造型有瓶、炉、壶、如意、花瓶、花卉、人物、瑞兽、山水、玉盒、鼎、笔筒（图1-46）、茶具、佛像等。而挂件主要包括挂画（图1-47）、插画、照片墙（图1-48）、相框、漆画、壁画、装饰画、油画（图1-49）等。

图1-43　瓷器

图1-44　相框

图1-45　竹叶铜花插

图1-46　笔筒

图1-47　挂画

图1-48　照片墙

图1-49　油画

课后练习

1. 简述软装与陈设的概念。

2. 列举软装与陈设的区别。

3. 软装与陈设设计的作用有哪些?

4. 软装与陈设可分为哪些类别?

5. 了解相关资料，结合当今室内设计市场，谈谈你对软装与陈设设计市场的发展情况的看法。

6. 生活中常用的软装与陈设饰品有哪些?

第二章
设计师与
设计过程

学习难度：★★☆☆☆
重点概念：设计师、设计原则、设计流程

◀ **章节导读**

设计是把一种计划、规划、设想通过视觉形式传达出来的活动过程，设计是艺术与技术的统一，是在这个发展迅猛、多元化的世界，人类不可或缺的视觉享受。而设计师则是通过设计这座桥梁，在从事的领域里创造、创新，为人类造福。人们常常把设计师和艺术家混为一谈，但要称得上设计师，那仅仅的感性，仅仅的灵感是远远不够的，他需要具备更多的能力，更多的素质（图2-1）。

图2-1 咖啡厅软装设计

第一节 设计师

现代设计师必须是具有宽广的文化视角，深邃的智慧和丰富的知识；必须是具有创新精神知识渊博、敏感并能解决问题的人。

一、设计师应具备的能力

1. 注重空间使用人的生活方式

作为设计师不仅仅关注的是风格，强化主题，更重要的是关注使用这个空间人的生活方式（图2-2）。适应时代的发展，才能够表示出这个时代人所对颜色、功用等方面的要求。陈设表达都离不开人群生活方式的探究和思考，一个空间从家具、布艺、灯具、绿植、花艺、挂画，到美感和品味，都需要设计师不断地去加强和提升美感的表述和品味的诠释。需要设计师根据使用空间的人与特征，进行观察、表述，最终演绎出来（图2-3）。

图2-2 清新舒适的卧室设计

图2-3 摆件、花艺等装饰

图2-4　豪华大气的别墅软装设计

图2-5　古朴厚重的中式软装设计

图2-6　田园风格的软装设计

图2-7　地中海风格的软装设计

2. 具备良好的沟通能力

作为陈设设计师需要具备良好的沟通能力。在与人沟通的时候，能够了解到对方的品味需求、对美感的感受，才能够针对这类人群，做出相对于他们所习惯与所喜好的场景（图2-4）。陈设设计师在沟通的过程当中始终要明白，自己本身并不是艺术家，起点是客户，终点也是客户，要从客户的需求出发，制定出与客户相匹配的服务流程（图2-5）。

3. 不断加强对美感、质感的高品质追求

作为软装设计师，不仅要能够将这些空间合宜的陈设设计出来，而且还要在个别产品的选择上，拥有独到的眼光。这些眼光来源于我们平时的观察、收集、素养，所以要不断加强对美感、质感的高品质追求（图2-6）。例如，在空间中根据特定的环境定制灯具，就要对颜色、面料、质感，设计材料样板，直到主体面料、主体色、背景色、点缀色都一一确认，

我们对整个空间的把控能力就会很强（图2-7）。

二、设计师应具备的素质

1. 设计师一定要自信

坚信自己的个人信仰、经验、眼光、品味，不盲从、不孤芳自赏、不骄、不躁。以严谨的治学态度面对设计，不为个性而个性，不为设计而设计。作为一名设计师，必须有独特的素质和高超的设计技能，即无论多么复杂的设计课题，都能通过认真总结经验，用心思考，反复推敲，汲取消化优秀设计精华，实现新的创造（图2-8）。

2. 设计师应该具有职业道德

设计师职业道德的高低和设计师人格的完善有很大关系，往往决定一个设计师设计水平的就是人格的完善程度，其程度越高，其理解能力、把握权衡能

图2-8 充满创意的儿童房软装设计

图2-9 装饰画与花艺、抱枕的呼应

图2-10 中式风格软装设计

图2-11 日式风格软装设计

力、辨别能力、协调能力、处事能力等将协助他在设计中越过一道又一道障碍，所以设计师必须注重个人的修行（图2-9）。

3. 设计师要懂得自我提升

设计的提高必须在不断的学习和实践中进行，设计师的广泛涉猎和专注是矛盾与统一的，前者是灵感和表现方式的源泉，后者是工作的态度。在设计中最关键的是意念，好的意念需要修养和时间去孵化。设计还需要开阔的视野，使信息有广阔的来源。

4. 设计师需要从多个角度进行考量

有个性的设计可能是来自于本民族悠久的文化传统和富有民族文化本色的设计思想，民族性和独创性及个性同样是具有价值的，地域特点也是设计师的知识背景之一。未来的设计师不再是狭隘的民族主义者，而每个民族的标志更多地体现在民族精神层面，民族和传统也将成为一种图式或者设计元素，作为设计师有必要认真看待民族传统和文化（图2-10、图2-11）。

— 补充要点 —

软装设计师与室内设计师的区别

室内设计师主要是对建筑内部空间的六大界面，按照一定的设计要求，进行二次处理，也就是对通常所说的天花、墙面、地面的处理，以及分割空间的实体、半实体等内部界面的处理。软装设计师则是通过自然环境配合客户的生活习惯打造一个舒适科学的生活空间。

室内设计师技术要求高，能达到水平的人数少。软装设计师不需要繁琐的专业软件，只要热爱生活，对配饰行业有极高的兴趣，或是具有一定的生活阅历及品味，都可以成为很好的软装设计师。

室内设计师所需软件为3ds max、AutoCAD、Photoshop等，要求绘制效果图，同时还要有好的手绘功底。还需要掌握建筑里的硬件设施，与工地施工员打交道较多。软装设计师对于生活细节方面把握程度高，善于营造生活细节。整个工作流程以实际产品为主，所需软件为AutoCAD、Photoshop。

第二节　设计原则

一、定好风格，再做规划

软装不仅可以满足现代人多元的、开放的、多层次的时尚追求，也可以为环境空间注入更多的文化内涵，增强环境中的意境美感。但在软装设计中要遵循原则，才能装扮好环境空间。

在软装设计中，最重要的概念就是先确定环境空间的整体风格（图2-12），然后用饰品做点缀。在设计规划之初，就要先将客户的习惯、好恶、收藏等全部列出，并与客户进行沟通，使其在考虑空间功能定位和使用习惯的同时满足个人风格需求（图2-13）。

二、比例合理，功能完善

软装搭配中最经典的比例分配莫过于黄金分割了。如果没有特别的设计考虑，不妨就用1:0.618的完美比例来划分环境空间。例如，不要将花瓶放在窗台正中央，偏左或者偏右放置会使视觉效果活跃很多（图2-14）。

稳定与轻巧的软装搭配手法在很多地方都适用。稳定是整体，轻巧是局部。软装布置得过重，会让人觉得压抑，过轻又会让人觉得轻浮，所以在软装设计时要注意色彩搭配的轻重结合，饰物的形状大小分配协调和整体布局的合理完善等问题（图2-15）。

图2-12　地中海风格卫生间设计

图2-13　卫生间软装设计

图2-14　窗台下的绿植

图2-15　配合适度的设计

三、节奏适当，找好重点

节奏与韵律是通过体量大小的区分、空间虚实的交替、构件排列的疏密、长短的变化、曲柔刚直的穿插等变化来实现的（图2-16）。在软装设计中虽然可以采用不同的节奏和韵律，但同一个房间切忌使用两种以上的节奏，那会让人无所适从、心烦意乱。

在环境空间中，视觉中心是极其重要的，人的注意范围一定要有一个中心点，这样才能造成主次分明的层次美感，这个视觉中心就是布置上的重点。对某一部分的强调，可打破全局的单调感，使整个居室变得有朝气。但视觉中心有一个就够了（图2-17）。

四、多样配置，统一协调

软装布置应遵循多样与统一的原则，根据大小、色彩、位置使之与家具构成一个整体。家具要有统一的风格和格调，再通过饰品、摆件等细节的点缀，进一步提升居住环境的品味（图2-18）。调和是将对比双方进行缓冲与融合的一种有效手段。例如，通过暖色调的运用和柔和布艺的搭配（图2-19）。

图2-16 以红色、黄色为主调

图2-17 以桌椅为重心

图2-18 暖色调与布艺的搭配

图2-19 局部装饰

- 补充要点 -

软装设计的误区

1. 过于喧宾夺主的装饰漆。装饰漆可以为空间添一抹亮色，但关键在于知道掌握在其中的程度。使用的过量则会以粗俗的效果结尾。

2. 顶灯。在每个房间应用调节器以及融合的白炽灯泡，灯光不应当照耀在人们头顶，那样太过刺眼和僵硬。

3. 不成比例的台灯。不要强硬地去创新，简单的搭配也很出彩。

4. 被束缚的抱枕。不要用过大过鲜明的抱枕使客厅的布局显得过于正式。

5. 孤立的光源。好的光源关键在于在不同高度所产生的光源层次。不要单单依靠一种光源，可以将各种顶灯、地灯还有台灯混合搭配使用。

6. 忽视窗户。窗饰不仅代表装饰的结束，除了油漆，窗饰是改变整个房间观感的最容易和最便宜的方法。

第三节　设计流程

国外的软装设计工作基本是在硬装设计之前就介入，或者与硬装设计同时进行，但我国的操作流程基本还是硬装设计完成确定后，再由软装公司设计方案，甚至是在硬装施工完成后再由软装公司介入。

一、前期准备

1. 完成空间测量

上门观察空间，了解硬装基础，测量空间的尺度，并给各个角落拍照，收集硬装节点，绘出环境空间基本平面图和立面图。

2. 与客户进行探讨

通过空间动线（图2-20）、生活习惯、文化喜好（图2-21）、宗教禁忌等各个方面与客户进行沟通，了解客户的生活方式，捕捉客户深层的需求点，详细观察并了解硬装现场的色彩关系及色调，控制软装设计方案的整体色彩。

3. 软装设计方案初步构思

综合以上环节进行平面草图的初步布局，将拍照后的素材进行归纳分析，初步选择软装配饰。根据初步的软装设计方案的风格（图2-22）、色彩、质

图2-20 利用空间的软装设计

图2-21 具有地中海风情的楼梯花
纹设计

图2-22 新古典风格设计

图2-23 新古典风格家具

感和灯光等，选择适合的家具（图2-23）、灯饰、饰品、花艺、挂画等。

4. 签订软装设计合同

与客户签订合同，尤其是定制家具部分，确定定制的价格和时间。确保厂家制作、发货的时间和到货时间，以便不会影响进行软装设计时间。

二、中期配置

1. 二次空间测量

在软装设计方案初步成型后，软装设计师带着基本的构思框架到现场，对环境空间和软装设计方案初稿反复考量，感受现场的合理性，对细部进行纠正，并全面核实饰品尺寸。

2. 制订软装设计方案

在软装设计方案与客户达到初步认可的基础上，通过对配饰的调整，明确在本方案中各项软装配饰的价格及组合效果，按照配饰设计流程进行方案制作，出台正式的软装整体配饰设计方案。

3. 讲解软装设计方案

为客户系统全面地介绍正式的软装设计方案，并在介绍过程中不断反馈客户的意见，征求所有家庭成员的意见，以便下一步对方案进行归纳和修改。

4. 修改软装设计方案

在与客户进行完方案讲解后，深入分析客户对方案的理解，让客户了解软装方案的设计意图。同时，软装设计师也应针对客户反馈的意见对方案进行调整，包括色彩、风格等软装整体配饰里一系列元素调整与价格调整。

5. 确定软装配饰

与客户签订采买合同之前，先与软装配饰厂商核定价格及存货，再与客户确定配饰。

6. 进场前产品复查

软装设计师要在家具未上漆之前亲自到工厂验货，对材质、工艺进行初步验收和把关。在家具即将出厂或送到现场时，设计师要再次对现场空间进行复尺，已经确定的家具（图2-24）和布艺等尺寸在现场进行核定（图2-25）。

7. 进场时安装摆放

配饰产品到场时，软装设计师应亲自参与摆放，对于软装整体配饰的组合摆放要充分考虑到各个元素之间的关系以及客户生活的习惯。

三、后期服务

软装配置完成后，应对软装整体配饰进行保洁、回访跟踪、保修勘察及送修。为客户提供一份详细的配饰产品手册。包括窗帘、布艺的分类、布料、选购、清洗等，摆件的保养、绿植的养护、家具的保养等。

以窗帘的保养为例，窗帘应半年左右清洗一次，并且要根据其本身的特点来清洗，不能用漂白剂，尽量不要脱水和烘干，要自然风干，以免破坏窗帘本身的质感。这些都需要客户去了解，才能延长软装设计成果的保鲜与延长。

图2-24 尺度适当的家具

图2-25 合理尺寸的装饰品

课后练习

1. 设计师应具备哪些基本能力与素质？
2. 软装与陈设设计师与其他相关行业的设计师相比有哪些区别？举一例说明。
3. 作为一名软装与陈设设计师还需要哪些能力？
4. 设计要坚持哪些原则？
5. 简述设计的大致流程。
6. 选择一个空间进行软装与陈设设计。

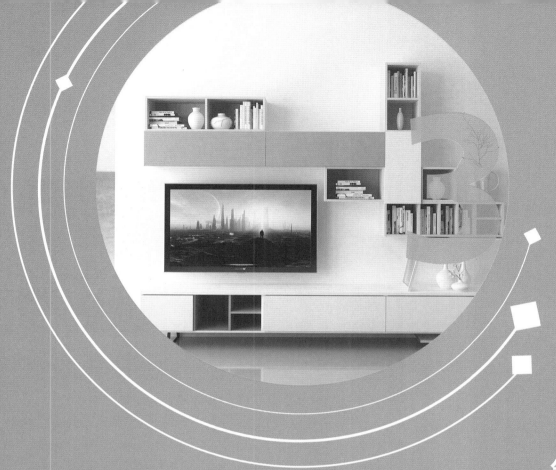

第三章
家具陈设
设计

学习难度：★★★★☆
重点概念：客厅、卧室、餐厅、书房、卫生间

◀ 章节导读

家具是由材料、结构、外观形式和功能四种因素组成，其中功能是先导，是推动家具发展的动力，结构是主干，是实现功能的基础。由于家具是为了满足人们一定的物质需求和使用目的而设计与制作的，因此家具还具有材料和外观形式方面的因素。这四种因素互相联系，又互相制约。家具多指衣橱、桌子、床、沙发等大件物品，家具既是物质产品，又是艺术创作（图3-1）。

图3-1　餐厅软装设计

第一节　客厅

客厅在住宅中当属最主要的空间了，是家庭成员逗留时间最长、最能集中表现家庭物质生活水平和精神风貌的空间，因此，客厅应该是设计与装饰的重点。客厅是家庭成员及外来客人共同活动的空间，在空间条件允许的前提下，需要合理地将谈话、阅读、娱乐等功能区划分开，诸多的家具一般贴墙放置，将个人使用的陈设品转移到各自的房间里，腾出客厅空间用于公共活动。同时尽量减少不必要的家具，如整体展示柜、跑步机、钢琴等都可以放到阳台或书房里，或者选购折叠型产品，增加活动空间。

一、电视柜

电视柜是客厅观赏率最高的家具，主要分为地台式、地柜式、悬挑式和拼装式几种。

1. 地台式

一般在装饰装修中是现场定制，采用石材制作台柜表面，大气、浑然一体。如果选购就要注意成品家具的长度了，不是所有的客厅都适合大体量的地台电

视柜。地台电视柜一般没有抽屉，而液晶电视机就挂在墙上面（图3-2）。

2. 地柜式

可以配合客厅中的视听背景墙，既可以安置多种多样的视听器材，还可以将主人的收藏品展示出来，让视听区达到整齐、统一的装饰效果，既实用又美观的设计，给客厅增添了一道"风景"。地柜的容量很大，一般配置3~4个抽屉，可以存放很多物品（图3-3）。

3. 悬挑式

需要预制安装，电视柜的安装对墙体结构要求比较高，最好是实体砖砌筑的厚墙，最后要能承载柜体和电视机的压力。悬挑式电视柜下方内侧可以安装发光软管灯带或日光灯管，营造出柔和的光源，呼应电视机屏幕（图3-4）。

4. 拼装式

现在已经完全取代了以往又高又大的组合柜。按照客厅的大小可以选择一个高柜配一个矮几，或者一个高几配几个矮几，这种高低错落的组合电视柜因其可分

图3-2 地台式电视柜

图3-3 地柜式电视柜

图3-4 悬挑式电视柜

图3-5 拼装式电视柜

可合、造型富于变化,一直走俏国际市场。拼装式电视柜简约到极致,就是几根钢管加几块玻璃或者纤维板,在背板上钉装隔板架的分件组合设计。这种电视柜有背板,有隔板架,可以把电视背景墙的装修也给省略了。没有背板的,索性用油漆把墙面刷成喜欢的颜色,再将隔板架直接装到墙上,既简单又漂亮(图3-5)。

最终选择什么样的电视柜主要是根据客户的喜好和客厅与电视机的大小决定。如果客厅和电视机都比较小,可以选择地柜式或单组玻璃茶几式电视柜;如果客厅和电视机都比较大,而且沙发也比较时尚,就可以选择拼装式电视柜或板架结构电视柜,背景墙可以刷成和沙发一致的颜色。

二、沙发

沙发不单纯是供靠坐休息使用,现在已经发展到集使用、健身、观赏为一体的多功能家具,而且占据室内相当的面积。沙发种类繁多,如进口的、国产的、布艺的、皮料的、豪华的、休闲的等。

1. 构造合理

市场上销售的沙发按靠背高矮可分为:低背沙发,靠背高于座面约370mm左右,给腰椎一个支撑点,属休息型轻便椅,方便搬动、占地小;普通沙发,最为常见的是有两个支撑点承托腰椎与胸椎,此类沙发靠背与座面的夹角很关键,过大或过小都会导致使用者的腰部肌肉紧张、疲劳;高背沙发,有三个支点,且三点构成一个曲面,使人的腰、肩背、后脑同时靠在靠背曲面上,这就要求木架上三点位置必须合适正确,否则会使坐者感到不适,选购时可以通过试坐加以判定(图3-6)。

2. 有良好的弹性,平整柔软,硬度适中

这与选席梦思床垫类似,要求压、按、挤、靠时

弹性均匀，压力去除后可以迅速回弹，这反映内部垫层质量高（图3-7）。

高档沙发多采用尼龙带和蛇簧交叉编织网结构，上面分层铺垫高弹泡沫、喷胶棉和轻体泡沫。中档沙发多以层压纤维为底板，上面分层铺垫中密度泡沫和喷胶棉，坐感与回弹性较前者为差。

3. 骨架结实可靠

沙发主结构为木质或金属材料，骨架应结实、坚固、平稳、可靠。外露部分通过看、摸来鉴别，内藏部分通过推、摇、晃、坐等动力测试来找感觉。如揭开座下底部一角查看，应该无糟朽、虫蛀，是采用不带树皮或木毛的光洁硬杂木制作，且木料接头处不是用钉子钉接，而是榫卯结合并且用胶粘牢的即为可靠（图3-8）。

4. 面料美观耐用，合乎使用要求

布艺沙发的面料应较厚实，经纬细密、平滑、无挑丝、无外露接头，手感紧绷有力。沙发面料可分为国产的与进口，欧美专业厂家生产的沙发专用面料品质优良，色差极小，色牢度高，织品无纬斜，特别是一些高档面料为提高防污能力，表面还进行了特种处理。进口高档面料还具有抗静电、阻燃等功能。布艺沙发要选择面料经纬线细密平滑，无跳丝，无外露接头，手感有绷劲的。缝纫要看针脚是否均匀平直，两手用力拉扯接缝处看是否严密（图3-9）。

沙发面料的使用环境要求它必须耐脏、耐磨损、抗拉伸、抗断裂，其外层反复承受人的坐、卧、冲击。里层随弹簧、海绵等弹性体伸缩循环，不能随意清洗。这些决定了在关注其外观图案色彩的同时，万不可忽视其内在质量。沙发面料种类可分为人造革面料、细帆布面料、灯芯绒和平绒面料、沙发布面料、丝绒面料、真皮面料等。

图3-6　轻便的沙发

图3-7　弹性好的沙发

图3-8　骨架结实的沙发

图3-9　皮质沙发

三、茶几

很多设计师在选择茶几的时候，只是看到卖场里摆放的好看，却没有想到茶几在生活中的作用。合适的茶几，不仅要款式好看，而且还要与其他家具搭配，并且根据个人的需要来挑选，选购茶几时要注重美感和功能兼备。

1. 恰当的空间

茶几的大小选择要看空间的大小，小空间放大茶几，茶几会显得喧宾夺主；大空间放小茶几，茶几会显得无足轻重。在比较小的空间中，可以摆放椭圆形、造型柔和的茶几，或是瘦长的、可移动的简约茶几，而流线型和简约型的茶几能让空间显得轻松而没有局促感（图3-10）。

如果环境空间比较大，可以考虑配沉稳、深暗色系的木质茶几。除了搭配主沙发的大茶几以外，在厅室的单椅旁，还可以挑选较高的边几，作为功能性兼装饰性的小茶几，为空间增添更多趣味和变化。在比较小的空间中，主人可选择舒适的布艺沙发，配合北欧现代简约风格的塑料材质小茶几、小型玻璃茶几或者长方形的金属茶几。这些茶几能调节空间感和光线的投影，使得小空间呈现明快、温暖、时尚的风情（图3-11）。

2. 合适的颜色

茶几与空间的主色调配搭也十分重要。色彩艳丽的布艺沙发可以搭配暗灰色的磨砂金属茶几，或者是淡色的原木小茶几，而红木和真皮沙发，就需要搭配厚重的木质或者石质的茶几了。金属搭配玻璃材质的茶几能给人以明亮感，有扩大空间的视觉效果，而深色系的木质茶几，则适合大型古典空间（图3-12）。

3. 注重功能性

茶几除了具有美观装饰的功能外，还要承载茶具、小饰品等，因此，也要注意它的承载功能和收纳功能。若空间较小，则可以考虑购买具有收纳功能或具有展开功能的茶几，以根据主人的需要加以调整（图3-13）。例如，现在很多茶几都设计有好几层的隔板，茶几的顶层可以用来给客人聊天时放茶具或水果盘等，而下几层可放书和其他东西。

4. 巧妙摆放

选好了款式，摆在空间中哪个位置也十分重要。茶几的摆放不一定要墨守成规，也就是说，茶几不一定要摆放在沙发前面的正中央处，也可以放在沙发旁或落地窗前，再搭配茶具、灯具、盆栽等装饰，甚至一些带轮子的茶几款式，都可展现另类的设计风格。如果要加强局部的美感，可以在茶几下面铺上小块地毯，然后摆上精巧小盆栽，让茶几成为一个美丽图案（图3-14）。

图3-10　大空间大茶几

图3-11　玻璃茶几

图3-12　配合沙发颜色的茶几

图3-13　具有收纳功能的茶几

图3-14　沙发旁的小茶几

- 补充要点 -

壁炉

　　壁炉是西方的传统，最初的功能是取暖，燃料以木柴为正宗。壁炉烘托出拙朴的乡村风味，它所营造的暖意古色古香。我国的传统炭炉不仅可以取暖，还可以烧开水、烤红薯和馒头片，它不像西方壁炉只有取暖一种功能。现在的壁炉，不再使用明火取暖了，取而代之的是电热加温，壁炉里熊熊燃烧的炉火实际上是经过设计后的影像，可谓是以假乱真了，价格在3000～10000元不等。

第二节　卧室

　　卧室是完全属于使用者的私密空间，纯粹的卧室是睡眠和更衣的空间，由于每个人的生活习惯不同，读书、看报、看电视、上网、健身、喝茶等行为都要在这里进行，因此要在装饰设计上要体现夫妻共同生活的需求和个性，高度的私密性和安全感也是主卧室布置的基本要求。主卧室要能创造出充分表露夫妻共同特点的温馨气氛和优美格调，使生活能在愉快的环境中获得身心满足。主卧室的家具以简洁、适用、和谐为原则。

一、床架

床不仅消除了我们的疲倦，而且好的床垫搭配优质的床架，才能将床垫的功能完美发挥出来。当然，有好的床垫铺设，也使得床变得熠熠生辉，另添一道魅力。目前床架主要有以下三种。

1. 木质床架

木质床架取材大自然，透气性极佳，让人倍感舒适温馨，睡在这样的床上，仿佛有种与自然亲密接触的感觉。木制床架与卧室中其他家具搭配，在整体上能够产生协调的柔和之美。在木材的选择上又可以分为软木和硬木，硬木密度紧、质地重、色泽较深重，是适合长期使用的优良材料；而软木（如松木、橡木等）则由于色泽淡雅舒适，符合现代人的审美观，成为时代的新宠（图3-15）。

2. 铜制床架

铜制床架以其金碧辉煌的外表，华丽的装饰和繁复的工艺，深受广大消费者的喜爱，在市场上曾经一度走红。但近年来，随着简约主义和自然风格大行其道，渐有江河日下之感。铜床一般在金属表面做一层保护膜，以免氧化变黑。铜床的优点在于弯曲性强，可以有多样的造型变化，满足人们的不同要求（图3-16）。

3. 锻铁床架

锻铁床架由于其散发出一种古典韵味，越来越受到一些时尚客户的喜爱。它是一种手工艺品，由于具有冷峻粗糙的质地，再搭配上浪漫的寝饰，更能突显出惬意的浪漫情怀。锻铁床材质富于延展，经过焊接处理之后，呈现紧密牢固的形体美感（图3-17）。

床架最需考虑的是结构组织。床头板和床尾板的接合处是否牢固。市场上的进口床中，大多以木结构和钢、五金结构为主，一般都非常牢固。平日维护时应定期检查其组合五金是否松动，如实木床架应定期用家具蜡保养，布套式的床套头应送去干洗，以防变形等。

二、床垫

以每天8小时睡眠计算，普通人一个晚上都会移动70多次，翻身10多次。睡眠时，脊椎的理想状态是自然的"S"形，太硬和太软的床垫都会造成脊椎弯曲，增加椎间盘的压力，引致睡眠中的人更多次地翻身以寻求舒服的睡眠姿势。

图3-15 木质床架

图3-16 铜制床架

图3-17 锻铁床架

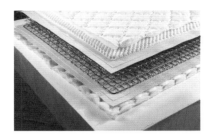

图3-18 弹簧床垫

图3-19 乳胶床垫

图3-20 山棕床垫

图3-21 新古典床头柜

图3-22 充满设计感的床头柜

目前，床垫按材料主要分为弹簧床垫、乳胶床垫和山棕床垫三种。

1. 弹簧床垫

弹簧床垫就是平时常说的"席梦思"，它的价位差别很大，购买时要咨询经销商，看看弹簧数量是否到达标准，一般内部的弹簧都应该达到288支以上，中等价位的床垫一般都有500个左右的弹簧，最讲究的甚至达到1000个以上（图3-18）。

2. 乳胶床垫

乳胶床垫是由橡树汁加工而成的，纯属天然材质。乳胶床垫的自弹性以及回复性都很好，能舒适地支撑起人体。更高端的乳胶床垫还附有电动装置，甚至能半身撑起（图3-19）。

3. 山棕床垫

山棕床垫就是俗称的"棕绷"，它也是透气极好的天然材质，并且防霉防蛀，冬暖夏凉。极好的柔韧性使得床垫和睡在上面的身体受力面积达到最大，身体能够完全放松下来，睡眠质量自然也会提高。不过，山棕床垫虽然舒适，长时间使用，棕绳会渐渐松弛，变形的山棕床垫就不适合颈椎病人了，因此，山棕床垫3~5年就要换棕绳，以增加弹性（图3-20）。

三、床头柜

一直以来，床头柜都是卧室家具中的小角色，经常是一左一右陪伴、衬托着床，就连它的名字也是以补充床的功能而产生的。作为床头柜，它的功用主要是收纳一些日常用品，放置床头灯。而储藏于床头柜中的物品，大多是为了适应需要和取用的物品，如药品等。摆放在床头柜上的则多是为卧室增添温馨气氛的照片、插花等，但床头柜除了功能之外的东西却被忽视了。

如今，随着床的变化和个性化壁灯的设计，使床头柜的款式也随之丰富，装饰作用显得比实用功能更重要了（图3-21）。现代床头柜已经告别了以前不注重设计的时代，设计感越来越强的床头柜正逐渐崭露头角，它们的出现使床头柜可以不再成双成对，按部就班地守护在床的两旁，就算只选择一个床头柜，也不必担心产生单调感（图3-22）。

同时，床头柜的功能也逐渐在设计上体现，如加长型抽屉式收纳床头柜，它带有左右并列四个抽屉，可以移动位置，能够放不少物品；可移动的抽屉式床头柜，它配有脚轮，移动非常方便，一些不愿意离身太远的细小物件可以守在身边；单层抽屉床头柜，既可以陈列饰品，收纳能力也不错，而且根据实际需要，还能摇身一变成为小电视柜。同时，床头柜的范畴也在逐步扩大，一些小巧的茶几、桌子摇身一变也成为床头的新风景。

四、衣柜

衣柜是卧室装修中必不可少的一部分，它不仅成为收纳功能的一部分，而且成为装饰亮点。

1. 推拉门

推拉门也称移门衣柜或"一"字型整体衣柜，可嵌入墙体直接屋顶成为硬装修的一部分。分为内推拉衣柜和外挂推拉衣柜，内推拉衣柜是将衣柜门置于衣柜内，个体性较强，易融入、较灵活，相对耐用，清洁方便，空间利用率较高；外挂推推拉衣柜则是将衣柜门置于柜体之外，多数为根据家中环境的元素需求量身定制的，空间利用率非常高（图3-23）。

推拉式衣柜给人一种简洁明快的感觉，一般适合相对面积较小的空间，以现代中式为主。现在越来越多的人都会选择可推拉的衣柜门，其轻巧、使用方便，空间利用率高，订制过程较为简便，进入市场以来，一直备受客户青睐，大有取代传统平开门的趋势。

2. 平开门

平开门衣柜是靠烟斗合页链接门板和柜体的一种传统开启方式的衣柜，类似于"一"字型整体衣柜。档次高低主要是看门板用材、五金品质两方面，优点就是比推拉门衣柜要便宜很多，缺点则是比较占用空间（图3-24）。

3. 开放式

开放式衣柜的储存功能很强，而且比较方便，开放式衣柜比传统衣柜更前卫，虽然很时尚但是对于房间的整洁度要求也是比较高，所以要经常注意衣柜清洁，由于成人衣物都比较多，所以设计师们设计出了开放式衣柜。要充分利用卧室空间的高度，要尽可能增加衣柜的可用空间，经常需要用到的物品，最好放到随手可及的高度，过季物品应该储存于最顶部的隔板上（图3-25）。

五、梳妆台

梳妆台是供整理仪容，梳妆打扮的家具。在客卧室里，若能设计得当，它也能兼顾写字台、床头柜或茶几

图3-23 推拉门衣柜

图3-24 平开门衣柜

图3-25 开放式衣柜

的功能。同时，独特的造型、大块的镜面及台上陈列五彩缤纷的化妆品，都能使室内环境更为丰富绚丽。

梳妆台一般由梳妆镜、梳妆台面、梳妆品柜、梳

图3-26 独立式梳妆台

图3-27 组合式梳妆台

妆椅及相应的灯具组成。梳妆镜一般很大，而且经常呈现折面设计，这样可使梳妆者清楚地看到自己面部的各个角度。梳妆台专用的照明灯具，最好装在镜子两侧，这样光线能均匀地照在人的面部。若将灯具装在镜子上方，则会在人眼眶留下阴影，影响化妆效果。

按梳妆台的功能和布置方式，可将之分为独立式（图3-26）和组合式（图3-27）两种。独立式即将梳妆台单独设立，这样做比较灵活随意，装饰效果往往更为突出。组合式是将梳妆台与其他家具组合，这种方式适宜于空间不大的卧室。

- 补充要点 -

梳妆台的摆放位置

将梳妆台放置在窗边的一侧，或是其他光线可以充分照射的地方，不能直接放在窗户正中间。一方面阳光直射对化妆品会造成一定的伤害，另一方面，夏天的阳光太过明亮，可能会在脸上投下阴影，不利于化妆。当然，如果有一层白色的薄窗纱来柔光线，就不再是困扰了。如果放置在床的一侧，或者卧室是狭长型可以放在床尾和入门处，因为室内的光线变弱，所以选择好镜前灯也很重要。

第三节　厨房

厨房以橱柜为核心，橱柜的款式虽然每年都在发生变化，但每种风格仍具有它独特的韵味。

一、古典风格

社会越发展，反而越强化了人们的怀旧心理，这也是古典风格经久不衰的原因，它的典雅尊贵，特有的亲切与沉稳，满足了成功人士对它的心理追求。传统的古典风格要求厨房空间很大，U型与岛型是比较适宜的格局形式。在材质上，实木当然视为首选，它的颜色、花纹及其特有的朴实无华为成功人士所推崇（图3-28）。

二、乡村风格

将原野的味道引入室内，让家与自然保持持久的对话，都市的喧嚣在这一角落得以沉寂，乡村风格的厨房拉近了人与自然的距离。具有乡野味道的彩绘瓷砖，描画出水果、花鸟等自然景观，呈现出宁静而恬适的质朴风采。原木地板在此也是极佳的装饰材料，温润的脚感仿佛熏染了大地气息，而在橱柜上则应更多选择实木。水洗绿、柠檬黄是多年来都流行的色彩，木条的面板纹饰强化了自然味道，乡村风格的厨房会让生活更加充满闲适自然的味道（图3-29）。

三、现代风格

现代风格流行最广泛，每个国家，每个品牌都会适时推出现代风格的款式，现代橱柜由于设计新颖、时代感强而备受推崇。它摒弃了华丽的装饰，在线条上简洁干净，更注重色彩的搭配，从炫丽的红、黄、紫到明亮的蓝、绿都被应用。在与其他空间的搭配上，这种风格也更容易些。它不受约束，对装饰材料的要求也不高，这也许正是它广泛流行的原因（图3-30）。

四、前卫风格

前卫的年轻人追求标新立异。他们在材质上多选择当年最为流行的质地，如玻璃、金属在巧妙的搭配中传递出时尚的信息（图3-31）。

图3-28　古典风格橱柜

图3-29　乡村风格橱柜

图3-30　现代风格橱柜

图3-31　前卫风格橱柜

五、实用主义

不常做饭的家庭多会选择比较实用的造型。在配置中只以基本的底柜作为储存区，并配以烤箱、灶台、抽油烟机等主要设备来完成烹饪操作过程，水槽通常会被省略以节约空间。该风格强调了实用，简洁的特点（图3-32）。

图3-32 实用主义橱柜

第四节 餐厅

餐厅是日常进餐并兼作欢宴亲友的活动空间。依据我国的传统习惯，把宴请进餐作为最高礼仪，所以一个良好的就餐环境十分重要。在面积大的空间里，一般有专用的进餐空间；面积小的，常与其他空间结合起来，成为既是进餐的场所，又是家庭酒吧、休闲或学习的空间。

家具的选择在很大程度上决定了餐厅的风格，最容易冲突的是空间比例、色彩、天花造型和墙面装饰品。根据房间的形状大小来决定餐厅餐桌椅的形状大小与数量，圆形餐桌能够在最小的面积范围容纳最多的人，方形或长方形餐桌比较容易与空间结合，折叠或推拉餐桌能灵活地适应多种需求。

一、餐桌椅

餐厅的餐桌以固定的居多，但有的可以随意翻动、拉伸，从而扩大了使用面积。中餐桌多为方形（图3-33），或者在桌面上加置圆形台面呈圆桌（图3-34）。如果空间比较宽敞，有专用的就餐场所，就可以采用固定式餐桌了；如果房间面积较小，可采用

图3-33 方形餐桌

图3-34 圆桌

活动式，在餐桌四周加上四块翻板，就餐人多时就可由小方桌变成大圆桌。方桌上也可以直接放置圆形桌面，但是在日常生活中圆形桌面需要存储空间，这也给空间不大的住宅带来了负担。

二、装饰酒柜

餐厅的装饰酒柜主要起到储存餐具和装饰空间的作用，一般分为固定式立柜和组合式壁柜（图3-35）两种。另外，古典装饰风格的餐厅应该选择独立式台柜，这样可以衬托出主体装饰形态，不会喧宾夺主，储藏空间也非常到位。

图3-35　组合式壁柜

第五节　书房

书房是居室中私密性较强的空间，是人们基本居住条件中高层次的要求，它给人提供了一个阅读、书写、工作和密谈的空间，虽然功能较为单一，但对环境的要求却很高。首先要安静，其次要有良好的采光和视觉环境，使人能保持轻松愉快的心情。

书房是学习和工作的地方，要求宁静并确保私密性，所以书房一般选择在居室中较安静的空间里。书房中的主要家具是写字台、办公椅、书橱和书架。

一、写字台

写字台即书桌，如有条件最好呈L型布局，这样不仅扩大了工作面，堆放各种资料，还能产生一种半包围的形态，使学习区更加幽静（图3-36）。这种L型的写字台还可用于放置电脑，不影响书写，较为实用。一般写字台都靠窗摆放，且习惯把写字台平放在窗台下，以取得较好的采光效果，其实这样并不科学。最好将写字台的左侧面靠窗，这样光线就从书写者的左上方照射下来，不会因右手书写而遮挡光线。

二、书架

书架的放置并没有一定的准则，非固定式书架只要取书方便的场所都可安置；入墙式或吊柜式书架，如果空间利用较好，也可以与音响装置等组合使用；半身书架靠墙放置时，空出的上半部分墙壁可以配合壁挂等装饰品一起布置；落地式大书架，有时可兼作

图3-36　L型写字台

图3-37　简约书架

图3-38　书橱摆放设计

隔断使用，因为摆满书的书架其隔音性能并不亚于一般砖墙（图3-37）；存放珍贵书籍的书橱应安装玻璃门，可以是推拉式，也可平开式，这应视书房面积大小而定。

书橱和书架设计不宜过宽，否则放一排书浪费空间，放两排使用起来又不方便，不易抽取。书橱和书架的隔板要有一定的强度，以防书的重量过大，造成隔板弯曲变形。书橱旁边可摆放一张软椅或沙发，用壁灯或落地灯作照明光源，这样可以随时坐下阅读、休息（图3-38）。休息沙发一般放在入门的一侧，面向窗户最好。在学习、工作疲劳时，可以抬头眺望窗外，有利于消除工作时给眼睛带来的疲劳。

第六节　门厅玄关

说玄关是一件摆设，倒不如说它是一种文化。它是给人第一印象的地方，反映文化气质的"脸面"。门厅家具的摆放既不能妨碍出入通行，又要发挥家具的使用和装饰功能，通常的选择是低柜和长凳，低柜属于收纳型家具，可以放鞋、雨伞和杂物，台面上还可放些钥匙、手机等物品，长凳的主要作用是方便换鞋和休息。

鞋柜是门厅玄关家具的首选，布置时有很大的讲究。

一、鞋柜

市面上常见的鞋柜主要有几种。一种是抽屉式鞋柜（图3-39），通常有两到三层，每层里面有钢丝作隔离，可放二十几双鞋；一种是开门式鞋柜（图3-40），常见的有三开门的、四开门的，这种鞋柜通常有放伞的地方；另一种是外表看起来像抽屉式的（图3-41），但不必拖出来放鞋子，只需拉一下，整柜的鞋子就尽收眼底，它的妙处在于柜门上有两根滑

图3-39　抽屉式鞋柜

图3-40　开门式鞋柜

图3-41　滑轨杆鞋柜

轨杆控制，这种鞋柜大的有五层，如衣柜一般高，小的只有一层，好像床头柜。

　　鞋柜通常放在门厅的一边，是进出大门必用的家具，购买时，千万别贪大。鞋柜过高过大，各种鞋子的混杂气味和病菌，更容易对家人的呼吸器官造成侵害。如果已经买了大鞋柜，扔掉又觉得浪费，可以少放鞋子，将上层空间用于存放其他物品。

二、长凳

1. 定制一体化长凳

　　设计入户玄关，如果空间够大，完全可以用一个有序的方式来组织空间与功能，将鞋柜、长凳、全身镜、挂钩、隔板安排妥帖。风格形态统一，给入户空间毫不松散的凝聚力（图3-42）。

2. 独立的带储藏功能长凳

　　单纯的、独立的带储物换鞋长凳，也是小空间的上佳之选。将更多的空间留给鞋柜，剩下的空间就可以由它来独立发挥（图3-43）。

图3-42　一体化长凳

图3-43　独立的带储藏功能的长凳

— 补充要点 —

门厅与玄关的区别

　　门厅指的是功能区域，进门这一块称为门厅。可能是开放的也可以是封闭的，可以是住宅空间也可以是商业或办公的空间。玄关是从日本流过来的说法，掺杂着港台风水理论。一般指的是家居空间。一般不会为全开放格局，会设置视觉隔断或者完全独立空间。

第七节　儿童房

儿童房间的布置应该是丰富多彩的，针对儿童的性格特点和生理特点，设计的基调应该是简洁明快、生动活泼、富于想象的，为他们营造一个童话式的意境，使儿童在自己的小天地里，更有效地、自由自在地安排课外学习和生活起居。少年儿童对新奇事物有极强的好奇心，在构思上要新奇巧妙、单纯，富有童趣，设计时不要以成年人的意识来主导创意。在色彩上，可以根据不同年龄、性别，采用不同的色调和装饰设计。一般来说，儿童房的色彩应该鲜明、单纯，使用有童趣图案、色彩鲜明的窗帘、床单、被套等。

儿童房的家具布置，要考虑他们的各个成长阶段，从儿童到青少年时期，在布置时要考虑空间的可变性，作为青少年的房间，要突出表现他们的爱好和个性。增长知识是他们这一阶段的主要任务，良好的学习环境对青少年是十分重要的，书桌、书架是青少年房间的中心区域，在墙上做搁板，是充分利用空间的常用手法，搁板上可摆放工艺品。另外，那些可折叠的床和组合的家具，简洁实用，富有现代气息，所需空间也不大，很适合青少年使用。

一、床

儿童床要尽量避免棱角的出现，边角要采用圆弧收边。边角用手摸起来要光滑、不能有木刺和金属钉头等危险物。小孩子的天性就是好动的，所以要确保床是稳固的，应挑选耐用的、承受破坏力强的床，没有倒塌的危险；还要定期检查床的接合处是否牢固，特别是有金属外框的床，螺丝钉很容易松脱。把床放在安全的地方，为了防止小孩从床与墙壁之间跌落，夹在里面，床头最好顶着墙，如果床是顺墙摆放，床沿与墙壁之间最好不留缝隙。注意床的用料是否环保：用作儿童床的材料主要有木材、人造板、塑料、铝合金等，而原木是制造儿童家具的最佳材料，取材天然而又不会产生对人体有害的化学物质（图3-44、图3-45）。

儿童床的色彩也是一大亮点。3~6岁的小家伙们，开始懂得性别的区别，很强调自己是男孩子或者是女孩子。因此，爸爸妈妈在为这个年龄阶段的宝贝挑选床时，要充分考虑这一心理。

儿童床的颜色可以根据整个房间的色调来统一，在色彩选择上最好以明亮、轻松、愉悦为选择方向，色泽上不妨多点对比色。绿色能引发他们对大自然的向往；红色会激起孩子的生活热情；蓝色则是充满梦幻的色彩。孩子们喜欢热烈、饱满、鲜艳的色彩（图3-46），男孩的房间中可使用蓝、绿、黄等与自然界植物色彩相接近的配色方案（图3-47）；女孩的房间则可以选择以植物花朵为主色的柔和色系，如浅粉、浅蓝、浅黄等。

- 补充要点 -

儿童房家具选购要点

儿童房的家具一般较简单，既不需要很多的使用功能，也没有必要追求华丽的外表和丰富的线脚，而应该在造型以及使用的安全性上多加考虑。儿童房要符合他们的身体尺度，写字台前的椅子最好能调节高度，家具棱角也不宜过多，应该尽量采用圆角或平滑曲线。质地坚硬、沉重、稳定性差、易碎的材料如钢、玻璃等应尽量少用，以防止儿童碰撞受伤。在家具造型上，要有新颖的构思，鲜明的特征，如把床设计成车船的形状，把衣柜柜门设计成门洞的形状，这些都是很好的想法，比较符合儿童的审美情趣。

图3-44　圆弧收边儿童床

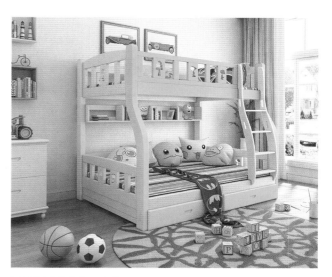

图3-45　双层儿童床

图3-46　以蓝色为主的儿童房

图3-47　以浅绿色为主的儿童房

　　家具的颜色则可以较为丰富，总体上家具应该采用明亮、饱和、纯正的颜色，太深的色彩不宜大面积使用，面积过大的深色，会产生沉闷、压抑的感觉，这与孩子们活泼、乐观的性格是不相符的，孩子们是不愿意看到的。

二、书桌

　　书桌作为儿童房的重要组成部分，在选择时一定要严格要求，材质、安全系数等都要考虑周全，这样才能保证孩子健康、高效、快乐地进行学习。

1. 安全性

　　选购书桌椅，首先要考虑安全性。书桌椅的线条应圆滑流畅，圆形或弧形收边的最好，另外还要有顺畅的开关和细腻的表面处理。带有锐角和表面坚硬、粗糙的书桌椅都要远离孩子。另外，在选择时最好能用力晃几下，结构松动、感觉摇摇晃晃的家具会造成安全问题（图3-48）。

2. 环保性

　　要求环保无异味，表面的涂层应该具有不褪色和不易刮伤的特点，而且一定要选择使用塑料贴面或其他无害涂料的书桌椅，因为孩子经常要接触到这里。

3. 科学性

　　选儿童书桌椅，也得选择符合人体工程学原理的，书桌椅的尺寸要与孩子的高度、年龄以及体型相结合，这样才有益于他们的健康成长。

4. 色彩巧协调

　　作为儿童房的一部分，书桌椅的选择要和房间搭

图3-48 儿童书桌　　　　　　　　　图3-49 造型简洁、功能性强的书桌椅

配。0~7岁是孩子们创造力发展的巅峰，最好用大胆明亮的色彩激发他们的好奇心和注意力。如果选择可调节的儿童书桌椅，最好选择色彩淡雅些的，因为要陪伴孩子很多年。

5. 造型随功能

如果纯粹选择儿童书桌椅，不要选择造型过于花哨的，一方面是容易过时，另外也容易分散孩子的注意力，使他们不能专注于学习。应选择造型简洁、功能性强的（图3-49）。

第八节　卫生间

卫生间是住宅中重要的功能空间，其发展状况在很大程度上反映着住宅的发展水平。受我国传统观念及经济水平的影响，住宅卫生间在很长的一段时期内没有得到应有的重视，严重影响了国人的生活质量。卫生间从原有厕所、洗漱功能的单一空间，逐渐发展成为包括盥洗、淋浴、排便、洗衣等在内的多功能空间，近年来又出现了多卫生间住宅。卫生间空间面积增加和使用功能的多样化，大大提高了住宅的品味和生活质量。卫生间的主要设备由浴缸、淋浴房、洗脸盆、坐便器组成。

一、浴缸和淋浴房

浴缸的规格样式很多，归纳起来可分为下列三种：深方型、浅长型及折中型，而浴缸的放置形式又有搁置式、嵌入式、半下沉式三种。人入浴时需

图3-50　浴缸

要水深没肩，这样才可以温暖全身。因此浴缸应保证有一定的水容量，短则深些，长则浅些（图3-50）。

　　淋浴房是现代家庭选择的一种趋势，新型的淋浴房设备趋向大型化和多功能化（图3-51）。与浴缸的新功能相仿，淋浴喷头也被设计成多样喷水形式，水势有强有弱、有聚有散，使淋浴本身变得具有趣味性和保健的作用。淋浴房由工厂预制，功能齐全，防水性能好，有些还集淋浴、桑拿、按摩、美容为一体，适用性很强。最小的淋浴房边长不宜低于900mm，开门形式有推拉门、折叠门、转轴门等，可以更好利用有限的浴室空间。

图3-51　淋浴房

二、洗脸盆

　　洗脸盆的功能单纯，造型较自由，形体也可以小一些，洗脸盆的大小主要在于盆口，一般横向宽些，有利于手臂活动。洗脸盆兼作洗发池时，为适应洗发需要，盆口要大而深些，盆底也相对平些，洗脸盆的台面高度在780mm左右（图3-52）。

三、坐便器

　　坐便器使用起来稳固、省力，与蹲便器相比，在家庭使用已成为主流。坐便器的高度对排便的舒适程度影响很大，常用尺寸在350～380mm左右，坐便

图3-52　洗脸盆

图3-53　卫生间坐便器设计

器坐圈大小和形状也很重要。中间开洞的大小、坐圈断面的曲线等，必须符合人体舒适要求。目前，新型的坐便器带有许多附加功能，如自动冲洗臀部，温风自动吹干，坐圈保持温热，冬天使用不会有冷感等，对人体生理健康起到积极的作用（图3-53）。

第九节　户外家具

户外家具是指在开放或半开放性户外空间中，为方便人们健康、舒适、高效的公共性户外活动而设置的一系列相对于室内家具而言的用具。户外家具作为家具当中一股新的时尚，体现着人们一种休闲放松的生活。

一、永久固定型家具

如木亭、帐篷、实木桌椅、铁木桌椅（图3-54）等。一般这类家具要选用优质木材，具有良好的防腐性，重量也比较重，长期放在户外。

二、可移动型家具

如西藤台椅、特斯林椅（图3-55）、可折叠木桌椅（图3-56）和

图3-54　铁木桌椅

图3-55　特斯林椅

图3-56 可折叠木桌椅

图3-57 小餐桌、餐椅

太阳伞等。用的时候放到户外，不用的时候可以收纳起来放在房间，所以这类家具更加舒适实用，不用考虑那么多坚固和防腐的性能，还可以根据个人爱好加入一些布艺等作点缀。

三、可携带型家具

如小餐桌、餐椅（图3-57）和阳伞，这类家具一般是由铝合金或帆布做成的，重量轻，便于携带，野外出行游玩，垂钓都很适合，最好还能带上一些户外装备，如烧烤炉架、帐篷一类的，为户外出行增添不少乐趣。

住宅家具、家饰的配置汇总于表3-1。

表3-1 住宅家具、家饰配置表

序号	功能区	行为表现	必备家具	辅助家具	家电设备	色彩倾向	采光照明	绿化布置	装饰材料
1	主卧室	睡眠 小憩 更衣	床 床头柜 衣柜	沙发椅 TV柜 梳妆台	空调 TV	暖调 丰富 浅色	筒灯 吊灯 床头灯	少量／无	地板 乳胶漆 木材墙纸
2	客卧室	睡眠 休闲 储藏	床 床头柜 衣柜	沙发椅 TV柜	空调 TV	中性暖调	床头灯 吸顶灯	少量／无	地板 乳胶漆 木材墙纸
3	书房	阅读 学习 工作	书桌柜 书柜	装饰柜 沙发椅 茶几	PC 空调	中性浅蓝	筒灯 台灯 吸顶灯	少量	地板 乳胶漆 木材墙纸

续表

序号	功能区	行为表现	必备家具	辅助家具	家电设备	色彩倾向	采光照明	绿化布置	装饰材料
4	儿童房	睡眠 娱乐 育儿	儿童床 书桌柜 衣橱	PC桌 TV柜 储藏柜	PC 空调 TV	纯色 丰富 亮丽	台灯 壁灯 吸顶灯	少量／无	地板／地毯 乳胶漆 木材墙纸
5	卫生间	洗浴 便溺 家务	洗面台 坐便器 淋浴间	浴柜 清洁池	浴霸 洗衣机	中性白亮	吸顶灯 镜前灯	少量／无	地砖墙砖 扣板 密度板
6	客厅	会客 团聚 娱乐	电视柜 沙发 茶几	装饰墙柜	TV DVD 音响功放 空调	中性 浅蓝 米黄	筒灯 吊灯 立柱灯	适中	地砖 乳胶漆 木材
7	餐厅	进餐 宴请	餐桌椅	酒柜 装饰柜	饮水机	暖调纯色	筒灯 吊灯	少量	地砖 乳胶漆 墙纸
8	门厅玄关	出入 通行 更衣	鞋柜 衣帽架	鞋凳 装饰柜	无	中性浅色	筒灯 射灯	少量	地砖 乳胶漆 木材
9	厨房	炊事 家务 进餐	橱柜	餐桌椅	抽油烟机 微波炉 冰箱	纯色 丰富 白亮	筒灯 吸顶灯	少量／无	地砖墙砖 防火板 密度板

课后练习

1. 除文中所述家具，简述客厅、卧室、卫生间、门厅玄关的常用家具。

2. 床架有哪几种类型？儿童房的软装设计要注重哪些细节？

3. 卫生间常用哪些装饰？

4. 课后查阅相关资料，对比我国户外家具与外国户外家具的区别。

5. 简述其他例如老人房、保姆房、游戏房的软装设计要点，包括其中的家具、陈设等。

6. 探讨一下开放式厨房与传统厨房的区别，陈述其优缺点。

第四章
布艺软装
设计

学习难度：★★★☆☆

重点概念：窗帘、抱枕、床品

◄ 章节导读

布艺在现代家庭中越来越受到人们的青睐，如果说家庭使用功能的装修为"硬饰"，而布艺作为"软饰"在家居中更独具魅力，它柔化了室内空间生硬的线条，赋予居室一种温馨的格调。在布艺风格上，可以很明显地感觉到各个品牌的特色，但是却无法简单地用欧式、中式抑或是其他风格来概括，各种风格互相借鉴、融合，赋予了布艺不羁的性格。最直接的影响是它对于家居氛围的塑造作用加强了，因为采用的元素比较广泛，让它跟很多不同风格的家居都可以搭配，而且会有完全不同的感觉（图4-1）。

图4-1　酒店软装设计

第一节　窗帘

窗帘是住宅家饰的必备品，一个温馨浪漫的居室环境，与窗帘的巧妙搭配密不可分。

一、窗帘的种类

1. 百叶式窗帘

百叶式窗帘有水平式和垂直式两种，水平百叶式窗帘由横向板条组成，只要稍微改变一下板条的旋转角度，就能改变采光与通风。板条有木质、钢质、纸质、铝合金质和塑料等材质（图4-2）。

2. 卷筒式窗帘

卷筒式窗帘的特点是不占地方、简洁素雅、开关自如。这种窗帘有多种形式，其中家用的小型弹簧式卷筒窗帘，一拉就下到某部位停住了，再一拉又弹回卷筒内。此外，还有通过链条或电动机升降的产品。卷筒式窗帘使用的帘布可以是半透明的，也可以是乳白色及有花饰图案的编织物。卧室与婴儿房常常采用不透明的暗幕型编织物（图4-3）。

3. 折叠式窗帘

折叠式窗帘的机械构造与卷筒式窗帘差不多，一拉即下降，所不同的是第二次拉的时候，窗帘并不像卷筒式窗帘那样完全缩进卷筒内，而是从下面一段段打褶后升上来（图4-4）。

4. 垂挂式窗帘

垂挂式窗帘的组成最复杂，由窗帘轨道、装饰挂帘杆、窗帘楣幔、窗帘、吊件、窗帘缨（扎帘带）和配饰五金件等组成。对于这种窗帘除了不同的类型选用不同的织物以外，以前还比较注重窗帘盒的设计，但是现在已渐渐被无窗帘盒的套管式窗帘所替代。此外，用垂挂式窗帘的窗帘缨束围成的帷幕形式也成为一种流行的装饰形式（图4-5）。

图4-2　百叶式窗帘

图4-3　卷筒式窗帘

图4-4　折叠式窗帘

图4-5　垂挂式窗帘

二、窗帘的色彩

窗帘在空间中占有较大面积，因此，选择时要与室内的墙面、地面及陈设物的色调相匹配，以便形成统一和谐的环境。墙壁是白色或淡象牙色，家具是黄色或灰色，窗帘宜选用橙色；墙壁是浅蓝色，家具是浅黄色，窗帘宜选用白底蓝花色（图4-6）；墙壁是黄色或淡黄色，家具是紫色、黑色或棕色，窗帘宜选用黄色或金黄色；墙壁是淡湖绿色，家具是黄色、绿色或咖啡色，窗帘宜选用中绿色或草绿色为佳（图4-7）。

三、窗帘的面料

目前，窗帘的质地主要有棉、丝、绸、尼龙、纱、塑料、铝合金等。棉窗帘柔软舒适、丝帘高雅贵重、绸帘豪华富丽、串珠帘晶莹剔透、纱帘柔软飘逸等，各有千秋。

选择窗帘的质地，应考虑房间的功能，如浴室、厨房就要选择实用性比较强的而容易洗涤的布料，而且风格力求简单流畅。客厅、餐厅可以选择豪华、优美的面料。卧室的窗帘要求厚质、温馨、安全，以保证生活隐私性及睡眠安逸（图4-8）。书房窗帘却要透光性能好、明亮，采用淡雅的色彩，使人身临其中，心情平稳，有利于工作学习（图4-9）。

四、窗帘的图案与大小

窗帘布图案主要有抽象型和具象型两种。窗帘图案不宜过于琐碎，要考虑打褶后的效果。高大的房间

图4-6　蓝色为主的窗帘

图4-7　浅绿色为主的窗帘

图4-8　卧室窗帘

图4-9　书房窗帘

图4-10　充满童趣的窗帘

图4-11　简单朴素的窗帘

宜选横向花纹，低矮的房间宜选用竖向花纹。不同年龄段的人爱好不同，客厅窗帘颜色花样应适中；小孩房间里窗帘花样最好用小动物、小娃娃等图案，具有童气（图4-10）；年轻人房间窗帘以奔放开阔为主；老人房间窗帘花样以安逸为主（图4-11）。

窗帘的长度要比窗台稍长一些，以避免风大掀帘，暴露于外。窗帘的宽度要根据窗子的宽窄而定，一定要使它与墙壁大小相协调。较窄的窗户应选择较宽的窗帘，以挡住两侧好似多余的墙面。

－ 补充要点 －

布艺装饰要点

1. 注重整体风格呼应。

2. 以家具为参照标杆。

3. 准确把握尺寸大小。

4. 面料与使用功能统一。

5. 不同布艺之间取得和谐。

第二节　抱枕

抱枕是常见的家居小物品，但在软装中却往往有很意想不到的作用。除了材质、图案、不同缝边花式之外，抱枕也有不同的摆放位置与搭配类型，甚至主人的个性也会从大大小小的抱枕中流露一二。

一、形状类型

抱枕的形状非常丰富，有方形、圆形、长方形、三角形等，根据不同的需求，如沙发、睡床、休闲椅或餐椅，抱枕的造型和摆放要求也有所不同。

1. 方形抱枕

方形的抱枕适合放在单人椅上，或与其他抱枕组合摆放，注意搭配时色彩和花纹的协调度（图4-12）。

2. 长方形抱枕

长方形抱枕一般用于宽大的扶手椅，在欧式和美式风格中较为常见，也可以与其他类型抱枕组合使用。

3. 圆形抱枕

圆形抱枕造型有趣，作为点缀抱枕比较合适，能够突出主题。造型上还有椭圆等立体的卡通造型抱枕。

二、摆设原则

1. 对称法摆设

如果将几个不同的抱枕堆叠在一起，会让人觉得很拥挤、凌乱。最简单的

图4-12 方形抱枕

图4-13 对称法摆放

方法便是将它们都对称摆放，无论是放在沙发上、床上或者飘窗上，可以给人整齐有序的感觉。具体摆放时根据沙发的大小又可以分为"1＋1""2＋2"或者是"3＋3"。注意摆设时除了数量和大小，在色彩和款式上也应该尽量选择对称（图4-13）。

2. 不对称法摆设

如果觉得把抱枕对称摆设有点乏味，还可以选择两种更具个性的不对称摆法：一种是"3＋1"摆放，即在沙发的其中一头摆放三个抱枕，另一侧摆放一个抱枕。这种组合方式看起来比对称的摆放更富有变化。但需要注意的是，"3＋1"中的"1"要和"3"中的某个抱枕的大小款式保持一致，以实现沙发的视觉平衡（图4-14）。

另一种不对称摆放方案是"3＋0"，如果家中的沙发是古典贵妃椅造型或者沙发的规格比较小，那

么这种摆放方法是非常不错的选择。由于人们总是习惯性地第一时间把目光的焦点放在右边，因此在将3个抱枕集中摆放时，最好都摆在沙发的右侧（图4-15）。

3. 远大近小法摆设

远大近小是指越靠近沙发中部，摆放的抱枕应越小。这是因为从视觉效果来看，离视线越远，物体看起来越小，反之，物体看起来越大。因此，将大抱枕放在沙发左右两端，小抱枕放在沙发中间，视觉上给人的感觉会更舒适。从实用角度来说，大尺寸抱枕放在沙发两侧边角处，可以解决沙发两侧坐感欠佳的问题。将小抱枕放在中间，则是为了避免占据太大的沙发空间，让人感觉只能坐在沙发边缘（图4-16）。

4. 里大外小法摆设

有的沙发座位进深比较深，这个时候抱枕常常被

图4-14 "3＋1"摆放

图4-15 "3＋0"摆放

图4-16　远大近小法摆设

图4-17　里大外小法摆设

拿来垫背。如果遇到这种情况，通常需要由里至外摆放几层抱枕，布置时应遵循里大外小的原则。具体是指在最靠近沙发靠背的地方摆放大一些的方形抱枕，然后中间摆放相对小的方形抱枕，最外面再适当增加一些小腰枕或糖果枕。如此一来，整个沙发区看起来不仅层次分明，而且最大限度地照顾到了沙发的舒适性（图4-17）。

－ 补充要点 －

靠垫和抱枕的区别

靠垫能调节人体与座位、床位的接触点以获得更舒适的角度来减轻疲劳。靠垫使用方便、灵活，便于人们用于各种场合环境。尤其是在卧室的床、沙发上被广泛采用。在地毯上，还可以利用靠垫来当作座椅。靠垫的装饰作用较为突出。

抱枕是家居生活中常见用品，类似枕头，常见的仅有一般枕头的一半大小，抱在怀中可以起到保暖和一定的保护作用，也给人温馨的感觉，如今已渐渐成为家居使用和装饰的常见饰物，而且成为车饰一大必备物品。

第三节　床品

一、床罩

用床罩遮盖床能使卧室简洁美观。床罩的面料可选硬花棉布，色织条格布、提花呢、印花软缎、腈纶簇绒、丙纶簇绒、泡泡纱等许多种。如泡泡纱床罩，色彩斑斓，可补充室内色彩不足，其条纹清晰，起泡的布面与平滑坚硬的墙面恰成对比。但要注意床罩所选面料不宜太薄，网眼不宜过大，图案和色彩应与墙面和窗帘相协调。床罩是平铺覆盖在被子上的，在制作床罩时要根据床的大小和式样来决定选材；按照床的高度，以垂至离地100mm左右为宜（图4-18）。

二、床单

床单是枕巾、被子的背景，而居室的墙面和地面又是床单的背景。床单应该选择淡雅一些的图案。近年来自然色更显时尚，如沙土色、灰色、白色和绿色等，包括床单、被套、枕套、床罩在内的多件套颜色基本一致，而全套床上用品有时不可能全部换洗，这就给自由搭配提供了空间。卧室内如果不采用床罩，那么床单就会在卧室中起着主导装饰作用，故要仔细考虑床单的色调、图案、纹理使之与卧室环境相协调（图4-19）。

三、被面与被套

被面，过去常选用丝绸、软缎、线绨等，也有的采用印花棉布被面。被面以色彩鲜艳的居多，常有大红、大绿、金黄等，一般在婚嫁时采用。被面换洗比较麻烦，每次都要拆和缝，因此现代居室中大都采用素色被套，将传统的被面逐渐淘汰。被套一般都选用纯棉材料，因为被套和人的肌肤贴近，纯棉制品吸汗、透气且具有冬暖夏凉的感觉（图4-20）。

四、枕套与枕芯

枕套是保持枕头清洁卫生而不可缺少的床上织物，也是床上装饰物品之一，它的面料以轻柔为好。枕套的色彩、质地、图案等应与床单相同或近似。枕套随着床罩的发展变化，款式也越来越多，有镶边的，带穗的；有双人枕套，也有单人的。枕套的种类很多，有网扣、绣花、挑花、提花、补花、拼布等，一般根据其他床上用品的选择配套布置（图4-21）。

图4-18　床罩

图4-19　床单

图4-20　纯棉被套

图4-21　枕套

第四节　地毯

秉承现代设计理念，地毯是环境空间必不可少也是最为重要的软装饰之一。地毯除了时尚耐看、柔软舒适外，最令人头痛的便是地毯的日后清洁和保养的问题了。

一、纯羊毛地毯

纯羊毛地毯相对比较昂贵，最常见的分拉毛和平织两种。其清洁保养非常麻烦，需要到洗衣店清洗。如清洁不慎，地毯使用寿命会大大缩短。因此，选择色调比较暗一点或是有花纹的会比较耐脏，这样可以每半年清洗一次，而平时就用吸尘器清理（图4-22、图4-23）。

图4-22　皮毛一体羊毛毯

二、纯棉地毯

纯棉地毯分很多种，有平织的、纺线的（可两面使用），时下非常流行的是雪尼尔簇绒地毯，性价比较高。脚感柔软舒适，其中簇绒系列装饰效果突出，便于清洁，可以直接放入洗衣机清洗（图4-24）。

三、合成纤维地毯

合成纤维地毯最常用的分两种，一种使用面主要是聚丙烯，背衬为防滑橡胶，价格与纯棉地毯差不多，但花样品种更多，不易褪色，考究的可以专业清洗，节约一点的话也可以用地毯清洁剂手工清洁，脚感不如羊毛及纯棉地毯（图4-25）；另一种是仿雪尼尔簇绒系列纯棉地毯的，形式与其类似，只是材料换成了化纤，价格前述合成纤维地毯便宜很多，视觉效果也差很多，但容易起静电，可以作为门垫使用（图4-26）。

图4-23　纯手工水洗羊毛毯

四、黄麻地毯

黄麻地毯很考究也很显主人的品味，但是很难保养，因为不能水洗，只能用清洁剂擦洗。夏天坐在地毯上很舒服，有榻榻米席的效果（图4-27）。

图4-24　雪尼尔簇绒地毯

图4-25　聚丙烯材料地毯

图4-26　化纤材料地毯

图4-27　黄麻手编地毯

第五节　餐桌布

图4-28　田园风格桌布

图4-29　色彩鲜艳的桌布

　　为了环境空间的整体装修风格一致，很多人还是会选择给餐桌铺上桌布或者桌旗。不仅可以美化餐厅，还可以调节进餐时的气氛。在选择餐桌布艺时需要与餐具、餐桌椅的色调，甚至家中的整体装饰相协调。

一、根据设计风格搭配

　　一般来说，简约风格适合白色或无色效果的桌布，如果餐厅整体色彩单调，也可以采用颜色跳跃一点的桌布，给人眼前一亮的效果；田园风格适合选择格纹或小碎花图案的桌布，显得既清新而又随意；中式风格桌布体现中国元素，如青花瓷、福禄寿喜等设计图案，传统的绸缎面料，再加上一些刺绣，让人觉得赏心悦目；深蓝色提花面料的桌布含蓄高雅，很适合映衬法式乡村风格（图4-28）。

　　注意在选择有花纹图案的桌布时，切忌只图一时喜欢而选择过于花哨的样式。这样的桌布虽然有第一眼的美感，但时间一长就有可能出现审美疲劳。

二、根据用餐场合搭配

　　正式的宴会场合，要选择质感较好、垂坠感强、色彩较为素雅的桌布，显得大方；随意一些的聚餐场合，比如家庭聚餐，或者在家里举行的小聚会，适合选择色彩与图案较活泼的印花桌布（图4-29）。

三、根据色彩运用搭配

如果使用深色的桌布，那么最好使用浅色的餐具，餐桌上一片暗色很影响食欲，深色的桌布其实很能体现出餐具的质感。纯度和饱和度都很高的桌布非常吸引眼球，但有时候也会给人压抑的感觉，所以千万不要只使用于餐桌上，一定要在其他位置使用同色系的饰品进行呼应、烘托（图4-30）。

四、根据餐桌形状搭配

如果是圆形餐桌，在搭配桌布时，适合在底层铺

带有绣花边角的大桌布，上层再铺上一块小桌布，整体搭配起来华丽而优雅。圆桌布的尺寸为圆桌直径加周边垂下300mm，例如，桌子直径900mm，那么就可以选择直径1500mm的桌布（图4-31）。

正方形餐桌可先铺上正方形桌布，上面再铺一小块方形的桌布。铺设小桌布时可以更换方向，把直角对着桌边的中线，让桌布下摆有三角形的花样。方桌桌布最好选择大气的图案，不适宜用单一的色彩。此外，方桌布的尺寸一般是四周下垂150～350mm。如果是长方形餐桌，可以考虑用桌旗来装饰餐桌，可与素色桌布和同样花色的餐垫搭配使用（图4-32）。

图4-30　深色的桌布

图4-31　圆形餐桌桌布搭配

图4-32　桌旗

- 补充要点 -

意大利布艺风格

强调细腻的印染技术和艺术感，意大利的床品和它的文化一样，带着文艺复兴时期的艺术美感。意大利床品的印染技术堪称世界一流，其活性印染工艺使其色彩饱满、细节细腻。仔细观察，床套上的颜色犹如手工喷绘上去的一样，一斑一点均非常清晰。优质意大利印染床品还保持着清洗成百上千遍也不会褪色的纪录，因此将其当作艺术品来珍藏，也不为过。

课后练习

1. 窗帘有几种类型？
2. 卧室有哪些布艺装饰？
3. 总结一下不同地毯之间的装饰作用。
4. 课后查阅相关资料，比较我国与外国布艺发展的情况，简述其区别。
5. 选择一种风格，尝试自己设计一套关于布艺的装饰方案，如颜色的选择、材质的搭配。
6. 布艺在软装设计中有什么作用？

第五章
工艺品与
灯饰设计

学习难度：★★★★★

重点概念：书画、花艺、器皿摆件、灯饰

　　工艺饰品在每一个家庭中都是必不可少的元素，体积虽小，但能起到画龙点睛的作用。环境空间有了工艺饰品点缀，才能呈现更完整的风格和效果。选择合适的工艺饰品可以烘托一种氛围。灯饰是软装设计中非常重要的一个部分，很多情况下，灯饰会成为一个空间的亮点，每个灯饰都应该被看作是一件艺术品，它所投射出的灯光可以使空间的格调获得大幅的提升（图5-1）。

图5-1　服装店灯饰设计

第一节　书画

一、书法作品

　　书法作品历来都是室内装饰和陈设的重要内容。书法的装裱是以纺织物纸作底褙，将书画作品配上边框，再加木质轴、竿等对书画进行装潢、保存的一种方法。书画装裱样式有立轴（图5-2）、横批、屏条、对幅、镜片（图5-3）等。

二、装饰画

　　目前市场上常见的装饰画品种有油画、水彩画、烙画、镶嵌画、摄影画、挂毯画、丙烯画、铜版画、玻璃画、竹编画、剪纸画、木刻画等。由于各类装饰画表现的题材和艺术风格不同，因此选购时要注意搭配相应的画框，看是否适合自己的需要。目前市面上的装饰画大体上分为：热情奔放型（图5-4）、古朴典雅型、贵族气质型、现代新贵型、现代时尚型（图5-5）、古色古香型等六种。

图5-2　书画立轴装裱样式

图5-3　书画镜片竖式装裱样式　　　图5-4　热情奔放型装饰画　　　图5-5　现代时尚型装饰画

第二节　花艺

花艺是通过鲜花、绿色植物和其他仿真花卉等对室内空间进行点缀，使用家居设计能够满足人们的审美追求。花艺装饰是一门不折不扣的综合性艺术，其质感、色彩的变化对室内的整体环境起着重要的作用。

一、花艺的装饰作用

摆放合适的花艺，不仅可以在空间中起到抒发情感，营造起居室良好氛围的效果，还能够体现居住者的审美情趣和艺术品位。

1. 塑造个性

将花艺的色彩、造型、摆设方式与家居空间及业主的气质品位相融合，可以使空间或优雅，或简约，或混搭，风格变化多样，极具个性，激发人们对美好生活的追求（图5-6）。

2. 增添生机

在快节奏的城市生活环境中，人们很难享受到大自然带来的宁静、清爽，而花卉的使用，能够让人们在室内空间环境中，贴近自然，放松身心，享受宁

图5-6　充满童趣的花艺设计

静，舒缓心理压力和消除紧张的工作所带来的疲惫感（图5-7）。

3. 分隔空间

在装饰过程中，利用花艺的摆设来规划室内空间，具有很大的灵活性和可控性，可提高空间利用率。花艺的分隔性特点还能体现出平淡、含蓄、单纯、空灵之美，花艺的线条、造型可增强空间的立体几何感（图5-8）。

二、花艺布置重点

花艺能够改善人们的生活环境，但在具体应用时，要充分结合花艺的材质、设计以及环境的格调和功能，综合考虑选择花艺，才能更好地发挥出美化环境的效果。

1. 空间格局与花艺的选择

花艺在不同的空间内会表现出不同的效果，例如，在玄关处选择悬挂式的花艺作品挂在墙面上，就能让人眼前一亮，但应当尽量选择简洁淡雅的插花作品（图5-9）；在卫浴间摆放花艺，能够给人舒适的感受，但因为此处接触水比较多，所以可以选择玻璃瓶等容器（图5-10）。

2. 感官效果与花艺的选择

花艺选择还需要充分考虑人的感官和需要，例如餐桌上的花卉不宜使用气味过分浓烈的鲜花或干花，气味很可能会影响用餐者的食欲（图5-11）。而卧

图5-7　增添了室内生机

图5-8　分隔空间

图5-9　玄关花艺

图5-10　卫浴间花艺

图5-11　餐桌花艺搭配

室、书房等场所，适合选择淡雅的花材，能使居住者感觉心情舒畅，也有助于放松精神，缓解疲劳（图5-12）。

3. 空间风格与花艺的选择

花艺一般可以分为东方风格（图5-13）与西方风格（图5-14），东方风格更追求意境，喜好使用淡雅的颜色，而西方风格更喜欢强调色彩的装饰效果，如同油画一般，丰满华贵。选择何种花艺，需要根据空间设计的风格进行把握，如果选择不当，则会显得格格不入。

4. 花材材质与花艺的选择

花艺材料可以分为：鲜花类、干花类、仿真花等。

（1）鲜花类　鲜花类是自然界有生命的植物材料，包括鲜花、切叶、新鲜水果。鲜花色彩亮丽，且植物本身的光合作用能够净化空气，花香味同样能给人愉快的感受，充满大自然最本质的气息，但是鲜花类保存时间短，而且成本较高（图5-15）。

（2）干花类　干花类是利用新鲜的植物，经过加工制作，做成的可长期存放，有独特风格的花艺装饰，干花一般保留了新鲜植物的香气，同时保持了植物原有的色泽和形态。与鲜花相比，能长期保存，但是缺少生命力，色泽感较差（图5-16）。

图5-12　卧室花艺搭配

图5-13　东方风格花艺

图5-14　西方风格花艺

图5-15　鲜花

图5-16　干花

图5-17　仿真花

图5-18　灯光与花艺的配合

（3）仿真花　仿真花是使用布料、塑料、网纱等材料，模仿鲜花制作的人造花（图5-17）。仿真花能再现鲜花的美，价格实惠并且保存持久，但是并没有鲜花类与干花类的大自然香气。发挥不同材质花的优势，需要认真考虑空间的条件，例如在盛大而隆重的庆典场合，必须使用鲜花，这样才能更好地烘托气氛，体现出庆典的品质；而在光线昏暗的空间，可以选择干花，因为干花不受采光的限制，而且又能展现出干花本身的自然美。

5. 采光方式与花艺的选择

不同采光方式会带给人不同的心理感受，要想使花艺更好地表达它自身的意境和内涵，就要使之恰到好处地与光影融合为一体，以产生相得益彰的效果。一般来讲，从上方直射下来的光线会使花艺显得比较呆板；侧光会使花艺显得紧凑浓密，并且会由于光照的角度不同而形成明暗不同的对比度；如果光线是完全从花艺的下方照射，会使花艺呈现出一种飘浮感和神秘感；在聚光灯照射下，花艺也会产生更加生动独特的魅力。尤其是在较大空间里摆放大型花艺时，应用聚光灯，会使效果更突出、更耀眼（图5-18）。

三、花器的选用

1. 花器的种类

花器虽然没有鲜花的娇艳与美丽，但美丽的鲜花如果少了花器的陪衬必定逊色许多。在家居装饰中，花器的种类有很多，甚至会让人挑花了眼。从材质上来看，有玻璃（图5-19）、陶瓷（图5-20）、树脂（图5-21）、金属（图5-22）、草编（图5-23）等，而且各种材质的花器又拥有独特的造型，适合搭配不同的花卉。

图5-19　玻璃花器

图5-20　陶瓷花器

2. 花器的搭配方法

在花器的选择上，如果家里的装饰已经比较纷繁多样，可以选择造型、图案比较简单，也不反光的花器，如原木色陶土盆、黑色或白色陶瓷盆等，而且也更能突出花艺，让花艺成为主角。如果想要装饰性比较强的花器，则要充分考虑整体的风格、色彩搭配等问题（图5-24）。

图5-21　树脂花器

图5-22　金属花器

图5-23　草编花器

图5-24　原木色陶土盆

－ 补充要点 －

如何选择花器

选择花器第一步要考虑它摆设的环境。花器摆放需要与家居环境相吻合，才能营造出生机勃勃的氛围。挑选花器也要根据花卉搭配的原则。可从花枝的长短、花朵的大小、花的颜色几方面来考虑。花枝较短的花适合与矮小的花器搭配，花枝较长的花适合与细长或高大的花器搭配。花朵较小的花适合与瓶口较小的花器搭配，瓶口较大的花器应选择花朵较大的花或一簇花朵集中的花束。玻璃花器适合与各种颜色的花搭配，陶瓷花器不适合与颜色较浅的花搭配，金属花器不适合搭配颜色过浅的花，实木花器适合与各种颜色的花搭配。

第三节　器皿摆件

一、厨房餐具

市场上的餐具琳琅满目、品类繁多，消费者经常为不知如何挑选优质的餐具而犯愁。目前市场上的餐具材质大致可以分为陶制品、骨瓷制品、白瓷制品、强化瓷制品、强化琉璃瓷制品、水晶制品、玻璃制品等（图5-25）。

二、装饰摆件

装饰摆件就是平常用来布置家居的装饰摆设品，按照不同的材质分为木质装饰摆件、陶瓷装饰摆件、金属装饰摆件、玻璃装饰摆件、树脂装饰摆件等。

木质装饰摆件是以木材为原材料加工而成的工艺饰品，给人一种原始而自然的感觉（图5-26）；陶瓷装饰摆件大多制作精美，即使是近现代的陶瓷工艺

图5-25　餐具软装设计

图5-26　木质装饰摆件

图5-27　陶瓷装饰摆件

图5-28　金属工艺饰品

品也具有极高的艺术收藏价值（图5-27）；金属工艺饰品，具有结构坚固、不易变形、比较耐磨的特点。金属工艺饰品风格和造型可以随意定制，以流畅的线条、完美的质感为主要特征，几乎适用于任何装修风格的家庭（图5-28）；玻璃装饰摆件的特点是玲珑剔透、晶莹透明、造型多姿。还具有色彩鲜艳的气质特色，适用于室内的各种陈列（图5-29）；树脂装饰摆件可塑性好，可以被塑造成动物、人物、卡通等任意形象，以及反映宗教、风景、节日等主题花园流水造型、喷泉造型等工艺品（图5-30）。

图5-29　玻璃装饰摆件

三、家居工艺饰品布置原则

工艺饰品的合理布置给人带来的不仅仅是感官上的愉悦，更能健怡身心，丰富居家情调。

1. 对称平衡摆设

把一些家居饰品对称平衡地摆设组合在一起，让它们成为视觉焦点的重要一部分。例如可以把两个样式相同或者差不多的工艺饰品并列摆放，不但可以制造和谐的韵律感，还能给人安静温馨的感觉（图5-31）。

2. 注意层次分明

摆放家居工艺饰品时要遵循前小后大、层次分明的法则，把小件的饰品放在前排，这样一眼看去能突出每个饰品的特色，在视觉上就会感觉很舒服（图5-32）。

3. 尝试多个角度

摆设家居工艺饰品不要期望一次性就成功，可以尝试着多调整角度，这样或许就可以找到最满意的摆放位置。有时将饰品摆放得斜一点，会比正着摆放效果要好（图5-33）。

图5-30　树脂装饰摆件

图5-31　对称平衡摆设

图5-32　层次分明

4. 同类风格摆放

摆放时最好先将家居工艺饰品按照不同的风格分类，然后取出同一类风格的进行摆放。在同一件家具上，最好不要摆放超过三种工艺饰品。如果家具是成套的，那么最好采用相同风格的工艺饰品，色彩相似效果更佳（图5-34）。

5. 利用灯光效果

摆放家居工艺饰品时要考虑到灯光的效果。不同的灯光和不同的照射方向，都会让工艺饰品显示出不同的美感。一般暖色的灯光会有柔美温馨的感觉，贝壳或者树脂等工艺饰品就比较适合；如果是水晶或者玻璃的工艺饰品，最好选择冷色的灯光，这样会看起来更加透亮（图5-35）。

6. 亮色单品点睛

整个硬装的色调比较素雅或者比较深沉的时候，在软装上可以考虑用亮一点的颜色来提高整个空间。例如硬装和软装是黑白灰的搭配，可以选择一两件色彩比较艳丽的单品来活跃氛围，这样会带给人不间断的愉悦感受（图5-36）。

图5-33　多个角度

图5-34　同类风格摆放

图5-35　利用灯光效果

图5-36　亮色单品

第四节　灯饰

一、不同造型的灯

灯饰按造型分类主要有吊灯、吸顶灯、壁灯、镜前灯、射灯、筒灯、落地灯、台灯等。其中吊灯、吸顶灯、壁灯、镜前灯、射灯和筒灯是固定安装在特定的位置，不可以移动，属于固定式灯饰，而落地灯、台灯和烛台属于移动式灯饰，不需要固定安装，可以按照需要自由放置。

1. 吊灯

吊灯分单头吊灯和多头吊灯，前者多用于卧室、餐厅，后者宜用在客厅、酒店大堂等，也有些空间采用单头吊灯自由组合成吊灯组。

（1）水晶吊灯　水晶吊灯是吊灯中应用最广的，在风格上包括欧式水晶吊灯、现代水晶吊灯两种类型，因此在选择水晶吊灯时，除了挑选水晶材质外，还得考虑其风格是否能与整体空间相协调搭配（图5-37）。

（2）烛台吊灯　烛台吊灯的灵感来自欧洲古典的烛台照明方式，那时都是在悬挂的铁艺上放置数根蜡烛。如今很多吊灯设计成这种款式，只不过将蜡烛改成了灯泡，但灯泡和灯座还是蜡烛和烛台的样子，

这类吊灯一般适合于欧式风格的装修，才能凸显庄重与奢华感，不适合应用于现代简约风格的空间（图5-38）。

（3）中式吊灯　中式吊灯一般适用于中式风格与新中式风格的空间。中式吊灯给人一种沉稳舒适之感，能让人从浮躁的情绪中回归到安宁。在选择上，也需要考虑灯饰的造型以及中式吊灯表面的图案花纹是否与空间装饰风格相协调（图5-39）。

图5-38　烛台吊灯

图5-37　水晶吊灯

图5-39　中式吊灯

（4）时尚吊灯　时尚吊灯往往会受到众多年轻人的欢迎，适用于简约风格和现代风格空间。具有现代感的吊灯款式众多，主要有玻璃材质、陶瓷材质、水晶材质、木质材质（图5-40）、布艺材质等类型。

2. 吸顶灯

吸顶灯安装时完全紧贴在室内顶面上，适合作整体照明用。与吊灯不同的一点是，吸顶灯在使用空间上有区别，吊灯多用于较高的空间中，吸顶灯则用于较低的空间中。吸顶灯常用的有方罩吸顶灯（图5-41）、圆球吸顶灯（图5-42）、尖扁圆吸顶灯、半圆球吸顶灯、匾球吸顶灯、小长方罩吸顶灯等类型。

3. 壁灯

壁灯是安装在室内墙壁上的辅助照明灯饰，常用的有双头玉兰壁灯、双头橄榄壁灯、双头鼓形壁灯、双头花边杯壁灯、玉柱壁灯、镜前壁灯等。选择壁灯主要看结构、造型，一般机械成型的较便宜，手工的较贵。铁艺锻打壁灯、全铜壁灯、羊皮壁灯等都属于中高档壁灯，其中铁艺锻打壁灯最受欢迎（图5-43）。

如果环境空间足够大，壁灯就有了较强的发挥余地，无论是客厅、卧室、过道都可以在适当的位置安装壁灯，最好是和射灯、筒灯、吊灯等同时运用，相互补充。

4. 朝天灯

朝天灯通常是可以移动和可携带的，灯饰的光线束是向上方投射的，通过投射到天花板，再反射下来，这样能够形成非常有气质的光照背景，用朝天灯展现出来的光照背景效果要比天花板上的吊灯展现的要柔和很多。在软装设计中，卧室墙面和电视背景墙等几处地方使用频率比较高，为空间氛围渲染起到重要的作用（图5-44）。

图5-40　木质吊灯

图5-41　方罩吸顶灯

图5-42　圆球吸顶灯

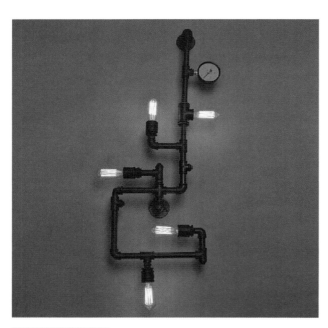

图5-43　铁艺壁灯

图5-44　朝天灯

图5-45　镜前灯

图5-46　筒灯

图5-47　射灯

5. 镜前灯

镜前灯一般是指固定在镜子上或镜子前的照明灯，作用是增强亮度，使照镜子的人更容易看清自己，所以往往是配合镜子一起出现的。常见的镜前灯有梳妆镜子灯和卫浴间镜子灯，镜前灯还可以安装在镜子的左右两侧，也有和镜子合为一体的类型（图5-45）。

6. 筒灯、射灯

筒灯和射灯都是营造特殊氛围的照明灯饰，主要的作用是突出主观审美，达到重点突出、层次丰富、气氛浓郁、缤纷多彩的艺术效果的聚光类灯饰。筒灯是一种相对于普通明装的灯饰更具有聚光性的灯饰，一般是用于普通照明或辅助照明，一般使用在过道、卧室周圈以及客厅周圈（图5-46）。射灯是一种高度聚光的灯饰，它的光线照射是具有可指定特定目标的，主要是用于特殊的照明，如强调某个很有品味或是很有新意的地方（图5-47）。

7. 落地灯

落地灯一般与沙发、茶几配合，一方面满足该区域的照明需求，另一方面形成特定的环境氛围。通常，落地灯不宜放在高大家具旁或妨碍活动的区域内。落地灯一般由灯罩、支架、底座三部分组成。灯罩要求简洁大方、装饰性强，除了筒式罩子较为流行之外，华灯形、灯笼形也较多用；落地灯的支架多以金属、旋木或是利用自然形态的材料制成（图5-48）。

8. 台灯

台灯一般分为两种，一种是立柱式的，一种是有夹子的。工作原理主要是把灯光集中在一小块区域内，便于工作和学习。台灯根据材质分类有金属台灯、树脂台灯、玻璃台灯、水晶台灯、实木台灯、陶瓷台灯等；根据使用功能分类有阅读台灯和装饰台灯（图5-49）。

在选择台灯时，应以整个设计风格为主。如简约风格的房间应倾向于现代材质的款式；塑料PVC材料加金属底座或纱质面料应加水晶玻璃底座；欧式风格

图5-48　落地灯

图5-49 欧式复古台灯

图5-50 装饰台灯

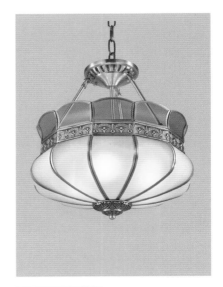

图5-51 铜艺灯

空间可选木质灯座搭配幻彩玻璃的台灯，或选用水晶的古典造型台灯（图5-50）。

二、不同材料的灯

灯饰按照不同材质主要分为水晶灯、铜艺灯、铁艺灯、羊皮灯等类型，设计师可以根据不同的装饰风格类型和价格定位选择不同材质的灯饰。

1. 水晶灯

水晶灯给人绚丽高贵、梦幻的感觉。最原始的水晶灯是由金属支架、蜡烛、天然水晶或石英坠饰共同构成，后来天然水晶由于成本太高逐渐被人造水晶代替，随后又由白炽灯逐渐代替了蜡烛光源。

2. 铜艺灯

铜艺灯是指以铜作为主要材料的灯饰，包括紫铜和黄铜两种材质，铜灯的流行主要是因为其具有质感、美观的特点，而且一盏优质的铜灯是具有收藏价值的。目前具有欧美文化特色的欧式铜灯是市场的主导派系。现在的铜灯中最受追捧的是美式风格铜艺灯，化繁为简的制作工艺，使得美式灯饰看起来更加具有时代特征，（图5-51）。

3. 铁艺灯

铁艺灯是一种复古风的照明灯饰，可以简单地理解为灯支架和灯罩等都是采用最为传统的铁艺制作而成的一类灯饰，具有照明功能和一定装饰功能。铁艺灯并不只是适合于欧式风格的装饰，在乡村田园风格中的应用也比较多。铁艺灯的灯罩大部分都是手工描画的，色彩以暖色为主，这样就能散发出一种温馨温和的光线，更能烘托出欧式家装的典雅与浪漫（图5-52）。

4. 羊皮灯

羊皮灯是指用羊皮材料制作的灯饰，较多地使用在中式风格装饰中。它的制作灵感源自古代灯饰，那时草原上的人们利用羊皮皮薄、透光度好的特点，用它裹住油灯，以防风遮雨。市场上的羊皮灯一般是仿羊皮，也就是羊皮纸。优质品牌羊皮灯大部分选用

图5-52 铁艺灯

进口羊皮纸，质量较好，价格自然也就高一些（图5-53）。

三、多种搭配的灯

灯饰是软装设计的重要环节，不仅满足了人们日常生活的需要，同时也为环境空间起到了重要的装饰作用和烘托气氛作用。软装设计里的灯饰一般都是以装饰为主的。现代设计里，开始出现了许多形式多样的灯饰造型，每个灯饰或具有雕塑感，或色彩缤纷，在选择的时候要根据气氛要求来决定。

1. 明确灯饰的装饰作用

在给灯饰选型的时，首先要先确定这个灯饰在空间里扮演什么样的角色，如空间的天花很高，就会显得十分空荡，这时从上空垂下一个吊灯会给空间带来平衡感，接着就要考虑这个吊灯是什么风格，需要多大的规格，灯光是暖光还是白光等问题，这些都会左右一个空间的整体氛围（图5-54）。

2. 考虑灯饰的风格统一

在较大的空间里，如果需要搭配多种灯饰，就应考虑风格统一的问题。例如，客厅很大，需要将灯饰在风格上进行统一，避免各类灯饰之间在造型上互相冲突，即使想要做一些对比和变化，也要通过色彩或材质中的某一个因素将两种灯饰和谐起来（图5-55）。

3. 判断一个房间的照度是否足够

各类灯饰在一个空间里要互相配合，有些提供主要照明，有些是气氛灯，而有些是装饰灯。另外在房间的功能上，以客厅为例，假如人坐在沙发上想看书，是否有台灯可以提供照明，客厅中的饰品是否被照亮以便被人欣赏到，这些都是判断一个空间的灯饰是否已经足够的因素（图5-56）。

4. 利用灯饰突出饰品

如果是想突出饰品本身而使其不受灯饰的干扰，那么内嵌筒灯是最佳的选择，这也体现了现代简约风格的手法；在传统手法里，可以将饰品和台灯一起陈列在桌面上，也可以将挂画和壁灯一起排列在墙面上（图5-57）。

图5-53　羊皮灯

图5-54　欧式风格吊灯

图5-55　多种灯饰的搭配

图5-56　台灯提供照明

图5-57　利用灯饰突出饰品

- 补充要点 -

客厅灯光运用

　　客厅是家居空间中活动率最高的场所，灯光照明需要满足聊天、会客、阅读、看电视等功能。客厅灯具一般以吊灯或吸顶灯作为主灯，搭配其他多种辅助灯饰，如壁灯、筒灯、射灯等，此外，还可采用落地灯与台灯作局部照明，也能兼顾到有看书习惯的业主，满足其阅读亮度的需求。

　　挂画、盆景、艺术品等饰品可采用具有聚光效果的射灯进行重点照明，沙发墙的灯光要考虑坐在沙发上的人的主观感受。太强烈的光线容易造成眩光与阴影，让人觉得不舒服，如果确定需要射灯来营造气氛，则要注意避免直射到沙发上。

课后练习

1. 装饰画有哪些种类？

2. 如何挑选花器和布置花艺？

3. 花艺绿植在室内软装装饰中有哪些作用？

4. 装饰摆件有哪些布置原则？

5. 按造型分，灯饰分为哪几种？简要叙述其特点。

6. 在设计灯饰时应考虑哪些因素？

第六章
软装与陈设
色彩设计

学习难度：★★★★☆

重点概念：属性、角色、寓意、配色方案

PPT课件，请在计算机里阅读

◀ **章节导读**

在环境空间设计中不仅要考虑各种色彩效果给
空间塑造带来的限制性，同时更应该充分考虑运用
色彩的特性来丰富空间的视觉效果。运用色彩不同
的明度、彩度与色相变化来有意识地营造或明亮，
或沉静，或热烈，或严肃的不同风格的空间效果。
世界上没有不好的色彩，只有不恰当的色彩组合。
配色要遵循色彩的基本原理。符合规律的色彩才能
打动人心，并给人留下深刻的印象。了解色相、明
度、纯度、色调等色彩的属性，是掌握这些原理的
第一步。通过对色彩属性的调整，整体配色印象也
会发生改变。改变其中某一因素，都会直接影响整
体的效果(图6–1)。

图6-1 儿童房软装色彩设计

第一节 色彩设计初步

一、色彩的属性

1. 色相

色相即色彩的相貌和特征，决定了颜色的本质。
自然界中色彩的种类很多，如红、橙、黄、绿、青、
蓝、紫等，颜色的种类变化就叫色相。

一般使用的色相环是12色相环。在色相环上相
对的颜色组合称为对比型，如红色与绿色的组合；靠
近的颜色称为相似型，如红色与紫色或者与橙色的组
合；只用相同色相的配色称为同相型，如红色可通过
混入不同分量的白色、黑色或灰色，形成同色相、不
同色调的同相型色彩搭配（图6–2）。

色相包括红色、橙色、黄色、绿色、蓝色、紫色
六个种类。其中暖色包括红色、橙色、黄色等，给人
温暖、有活力的感觉；冷色包括蓝绿色、蓝色、蓝紫

图6-2 色相环

色等，让人有清爽、冷静的感觉。而绿色、紫色则属于冷暖平衡的中性色。

2. 明度

明度指色彩的亮度或明暗。颜色有深浅、明暗的变化。例如，深黄、中黄、淡黄、柠檬黄等黄颜色在明度上就不一样，紫红、深红、玫瑰红、大红、朱红、橘红等红颜色在亮度上也不尽相同。这些颜色在明暗、深浅上的不同变化，也就是色彩的明度变化特征（图6-3）。在任何色彩中添加白色，其明度都会升高；添加黑色，其明度会降低。色彩中最亮的颜色是白色，最暗的是黑色，其间是灰色。在一个色彩组合中，如果色彩之间的明度差异大，可以达到时尚活力的效果；如果明度差异小，则能达到稳重优雅的效果。

3. 纯度

纯度指色彩的鲜艳程度，也称为饱和度。原色是纯度最高的色彩。颜色混合的次数越多，纯度越低；反之，纯度越高。原色中混入补色，纯度会立即降低、变灰。纯度最低的色彩是黑、白、灰这样的无彩色。纯色因不含任何杂色，饱和或纯粹度最高，因此，任何颜色的纯色均为该色系中纯度最高的。纯度高的色彩，给人鲜艳的感觉；纯度低的色彩，给人素雅的感觉（图6-3）。

4. 色调

色调是指一幅作品色彩外观的基本倾向，泛指大体的色彩效果。一幅绘画作品虽然用了多种颜色，但总体有一种倾向，是偏蓝或偏红，是偏暖或偏冷等。这种颜色上的倾向就是一幅绘画的色调。通常可以从色相、明度、冷暖、纯度四个方面来定义一幅作品的色调。软装中的色调可以借助灯光设计来满足不同需求的总体倾向，营造设计要求的情景氛围（图6-4）。

二、色彩的角色

1. 主体色

主体色主要是由大型家具或一些大型空间陈设、装饰织物所形成的中等面积的色块。它是配色的中心色，搭配其他颜色通常以此为主。客厅的沙发、餐厅

的餐桌的颜色就属于其对应空间里的主体色。主体色的选择通常有两种方式：要产生鲜明、生动的效果，则应选择与背景色或者配角色呈对比的色彩；要整体协调、稳重，则应选择与背景色、配角色相近的同相色或类似色（图6-5）。

2. 配角色

配角色视觉的重要性和体积次于主角色，常用于陪衬主角色，使主角色更加突出。通常是体积较小的家具。例如短沙发、椅子、茶几、床头柜等。合理的配角色能够使空间产生动感，活力倍增。常与主角色

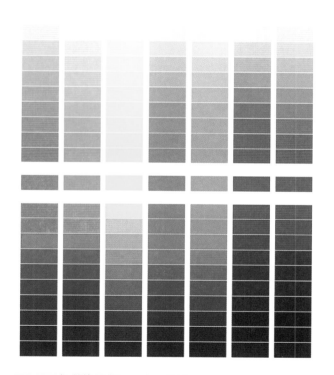

图6-3 色彩的明度与纯度变化表

图6-4 借助灯光营造的暖色调

保持一定的色彩差异，既能突出主角色，又能丰富空间。但是配角色的面积不能过大，否则就会压过主角色（图6-6）。

3. 背景色

背景色通常指墙面、地面、天花、门窗以及地毯等大面积的界面色彩。背景色由于其绝对的面积优势，支配着整个空间的效果。而墙面因为处在视线的水平方向上，对效果的影响最大，往往是环境配色首先关注的地方。可以根据想要营造的空间氛围来选择背景色，想要打造自然、田园的效果，应该选用柔和的色调；如果想要活跃、热烈的印象，则应该选择艳丽的背景色（图6-7）。

4. 点缀色

点缀色是那种最易于变化的小面积色彩，比如靠垫、灯具、织物、植物花卉、摆设品等。一般会选用高纯度的对比色，用来打破单调的整体效果。虽然点缀色的面积不大，但是在空间里却具有很强的表现力（图6-8）。

三、色彩的寓意

色彩不仅使人产生冷暖、轻重、远近、明暗的感觉，而且会引起人们的诸多联想。不同的色彩会令人产生不同的心理感知。一般层面上，每种色彩会给人不同的心理感受和心情反应，反应的不同可能与个人的喜好有关，也可能与文化背景有关。

1. 清爽宜人的蓝色

蓝色象征着永恒，是一种纯净的色彩。每每提到蓝色总会让人联想到海洋、天空、水以及浩瀚的宇宙。蓝色在家居装饰中常常是一种地中海风情设计的体现（图6-9）。

图6-5　浅绿色为主体色

图6-6　床头柜为配角色

图6-7　墙面的背景色

图6-8　花艺点缀色

图6-9 蓝色调

2. 清新自然的绿色

绿色是自然界中最常见的颜色。绿色是生命的原色，象征着平静与安全，通常被用来表示生命以及生长，代表了健康、活力和对美好未来的追求。绿色的魅力就在于它显示了大自然的灵感，能让人的心情在紧张的生活中得以释放（图6-10）。

3. 热烈奔放的红色

红色在所有色系中是最热烈、最积极向上的一种颜色。在中国人的眼中红色代表着醒目、重要、喜庆、吉祥、热情、奔放、激情、斗志。酒红色的醇厚与尊贵给人一种雍容的气度、豪华的感觉，为一些追求华贵的人所偏爱；玫瑰色格调高雅，传达的是一种浪漫情怀，所以这种色彩为大多数女性所喜爱。粉红色给人以温暖、放松的感觉，适宜在卧室或儿童房里使用（图6-11）。但是居室内红色过多会让眼睛负担过重，产生头晕目眩的感觉。

4. 欢乐明快的橙色

橙色是红黄两色结合产生的一种颜色，因此，橙色也具有两种颜色的象征含义。橙色是一个欢快而运动的颜色，具有明亮、华丽、健康、兴奋、温暖、欢乐、辉煌，以及容易动人的色感（图6-12）。

5. 充满活力的黄色

黄色是三原色之一，给人轻快、充满希望和活力的感觉。黄色总是与金色、太阳、启迪等事物联系在一起。许多春天开放的花都是黄色的，因此黄色也象

图6-10 绿色调

图6-11 红色调

图6-12　橙色调

征新生。水果黄带着温柔的特性；牛油黄散发着一股原动力；而金黄色又带来温暖（图6-13）。

6. 神秘浪漫的紫色

紫色是由温暖的红色和冷静的蓝色组合而成，是极佳的刺激色。紫色永远是浪漫、梦幻、神秘、优雅、高贵的代名词，它独特的魅力、典雅的气质吸引

了无数人的目光。与紫色相近的是蓝色和红色，一般浅紫色搭配纯白色、米黄色、象牙白色；深紫色搭配黑色、藏青色会显得比较稳重，有精干感（图6-14）。

7. 富丽堂皇的金色

金色熠熠生辉，显现了大胆和张扬的个性，在简洁的白色衬映下，视觉会很干净。但金色是较容易反射光线的颜色之一，金光闪闪的环境对人的视线伤害最大，容易使人神经高度紧张，不易放松（图6-15）。

8. 优雅厚重的咖啡色

咖啡色属于中性暖色色调，优雅、朴素，庄重而不失雅致。它摒弃了黄金色调的俗气，抑或是象牙白的单调和平庸（图6-16）。

9. 现代简约的黑白色

黑白色被称为"无形色"，也可称为"中性色"，属于非彩色的搭配。黑白色是最基本和简单的搭配，

图6-13　黄色调

图6-14　紫色调

图6-15　金色调

图6-16　咖啡色调

灰色属于万能色，可以和任何彩色搭配，也可以帮助两种对立的色彩和谐过渡（图6-17）。

图6-17　黑白色调

第二节　色彩的合理运用

一、色彩组合

色彩效果取决于不同颜色之间的相互关系，同一颜色在不同的背景条件下可以迥然不同，这是色彩所特有的敏感性和依存性，因此如何处理好色彩之间的协调关系，就成为配色的关键问题。

1. 同色系组合

同一色相不同纯度的色彩组合，称为同色系组合，如湛蓝色搭配浅蓝色，这样的色彩搭配具有统一和谐的感觉。在空间配置中，同色系搭配是最安全也是接受度最高的搭配方式。同色系中的深浅变化及其呈现的空间景深与层次，让整体尽显和谐一致的融合之美（图6-18）。相近色彩的组合可以创造一个平静、舒适的环境，但这并不意味着在同色系组合中不采用其他的颜色。应该注意过分强调单一色调的协调

而缺少必要的点缀，很容易让人产生疲劳感。

2. 邻近色组合

邻近色组合是最容易运用的一种色彩方案，也是目前最大众化和深受人们喜爱的一种色调，这种方案

图6-18　深蓝搭配浅蓝

只用两三种在色环上互相接近的颜色，它们之间又是以一种为主，另几种为辅，如黄与绿、黄与橙、红与紫等。一方面要把握好两种色彩的和谐，另一方面又要使两种颜色在纯度和明度上有区别，使之互相融合，取得相得益彰的效果（图6-19）。

3. 对比色组合

对比色如红色和蓝色、黄色和绿色等，如果想要表达开放、有力、自信、坚决、活力、动感、年轻、刺激、饱满、华美、明朗、醒目之类的空间设计主题，可以运用对比型配色。对比型配色的实质就是冷色与暖色的对比，一般在150°～180°之间的配色视觉效果较为强烈。在同一空间，对比色能制造有冲击力的效果，让房间个性更明朗，但不宜大面积同时使用（图6-20）。

4. 互补色组合

使用色差最大的两个对比色相进行的色彩搭配，可以让人印象深刻。由于互补色彩之间的对比相当强烈，因此想要适当地运用互补色，必须特别慎重考虑色彩彼此间的比例问题。因此当使用互补色配色时，必须利用一种大面积的颜色与另一种较小面积的互补色来达到平衡。如果两种色彩所占的比例相同，那么对比会显得过于强烈（图6-21）。

5. 双重互补色组合

双重互补色调有两组对比色同时运用，采用四个颜色，对房间来说可能会造成混乱，但也可以通过一定的技巧进行组合尝试，使其达到多样化的效果。对大面积的房间来说，为增加其色彩变化，是一个很好的选择。使用时也应注意两种对比中应有主次，对小房间说来更应把其中之一作为重点处理（图6-22）。

6. 无彩系组合

黑、白、灰、金、银五个中性色是无彩色，主要用于调和色彩搭配，突出其他颜色。其中金、银色是可以陪衬任何颜色的百搭色，当然金色不含黄色，银色不含灰白色。有彩色是活跃的，而无彩色则是平稳

图6-19 深红色与深咖啡色的组合

图6-20 蓝色与绿色的对比

图6-21 蓝色与黄色的互补

图6-22 紫色、黄色、蓝色、绿色之间的互补

图6-23　无彩系组合

图6-25　色彩搭配黄金法则

图6-24　自然色组合

的，这两类色彩搭配在一起，可以取得很好的效果。在空间装饰中黑、白、灰颜色的物品并不少，将它们与彩色物品摆在一起别有一番情趣，并具有现代感。在无彩色中只有白色可大面积使用，黑色只有小面积使用于高彩度之间，才会显得跳跃和夺目，取得非同凡响的效果（图6-23）。

7. 自然色组合

自然色泛指中间色，是所有色彩中弹性最大的颜色。中间色皆来源于大自然中的事物，如树木、花草、山石、泥沙、矿物，甚至是枯叶败枝（图6-24）。自然色是室内色彩应用之首选，不论硬装修还是软装饰，几乎都可以以自然色为基调，再加以其他色彩、材质的搭配，从而得到很好的效果。

二、色彩搭配运用方法

1. 装饰常用配色方法

（1）色彩搭配黄金法则　家居色彩黄金比例为6∶3∶1，其中"6"为背景色，包括基本墙、地、顶的颜色，"3"为搭配色，包括家具的基本色系等，"1"为点缀色，包括装饰品的颜色等，这种搭配比例可以使家中的色彩丰富，但又不显得杂乱，主次分明，主题突出。在设计和方案实施的过程中，空间配色最好不要超过三种色彩。空间配色方案要遵循一定的顺序：可以按照硬装→家具→灯具→窗帘→地毯→床品和靠垫→花艺→饰品的顺序（图6-25）。

（2）确定一个色彩印象为主导　对一个房间进

行配色，通常以一个色彩印象为主导，空间中的大色面色彩从这个色彩印象中提取，但并不意味着房间内的所有颜色都要完全照此来进行（图6-26）。

（3）适当运用对比色　适当选择某些强烈的对比色，以强调和点缀环境的色彩效果。但是对比色的选用应避免太杂，一般在一个空间里选用两至三种主要颜色对比组合为宜（图6-27）。

（4）色彩混搭　虽然在家居装饰中常常会强调，同一空间中最好不要超过三种颜色，色彩搭配不协调容易让人产生不舒服的感觉。但是，三种颜色显然无法满足一部分个性超人的需要，混搭太容易审美疲劳了。色彩混搭的诀窍就在于掌握好色调的变化。两种颜色对比非常强烈时通常需要一个过渡色（图6-28）。

（5）白色起到调和作用　白色是和谐万能色，如果同一个空间里各种颜色都很抢眼，互不相让，可以加入白色进行调和。白色可以让所有颜色都冷静下来，同时提高亮度，让空间显得更加开阔，从而弱化凌乱感（图6-29）。

（6）米色带来温暖感　根据对心理情绪的影响，色彩可以分为暖、冷两类色调。暖色以红、黄为主，体现着温馨、热情、欢快的气氛。冷色以蓝、绿为主，体现着冷静、湿润、淡薄的气氛。在寒冷的冬日里，除了花团锦簇可以带来盎然春意，还有一种颜色拥有驱赶寒意的巨大能量，那就是米色。米色系的米白、米黄、驼色、浅咖啡色都是十分优雅的颜色，米色系和灰色系一样百搭，但灰色太冷，米色则很暖。相比白色，它储蓄、内敛又沉稳，并且显得大气时尚（图6-30）。

2. 利用色彩调整空间缺陷

对不同的色彩，人们的视觉感受是不同的。充分利用色彩的调节作用，可以重新塑造空间，弥补居室

图6-26　确定一个色彩印象为主导

图6-27　适当运用对比色

图6-28　玩转色彩混搭

图6-29　白色起到调和作用

图6-30 米色系

图6-31 独特的墙纸或手绘

的某些缺陷。

（1）调整过大或过小的空间 深色和暖色可以让大空间显得温暖、舒适。强烈、显眼的点缀色适用于大空间的墙面，用以制造视觉焦点，如独特的墙纸或手绘。但要尽量避免让同色的装饰物分散在空间内的各个角落，这样会使大空间显得更加扩散，缺乏重心，将近似色的装饰物集中陈设便会让空间聚焦（图6-31）。清新、淡雅的墙面色彩运用可以让小空间看上去更大；鲜艳、强烈的色彩用于点缀会增加整体的活力和趣味；还可以用不同深浅的同类色做叠加以增加整体空间的层次感，让其看上去更宽敞而不单调。

（2）调整过大或过小的进深 纯度高、明度低、暖色相的色彩看上去有向前的感觉，被称为前进色；反之，纯度低、明度高、冷色相被称为后退色。如果空间空旷，可采用前进色处理墙面；如果空间狭窄，可采用后退色处理墙面（图6-32）。

图6-32 调整过大或过小的进深

（3）调整过高或过低的空间 深色给人下坠感，浅色给人上升感。同纯度同明度的情况下，暖色较轻，冷色较重。空间过高时，可用较墙面温暖、浓重的色彩来装饰顶面。但必须注意色彩不要太暗，以免使顶面与墙面形成太强烈的对比，使人有塌顶的错觉；空间较低时，顶面最好采用白色，或比墙面淡的色彩，地面采用重色（图6-33）。

图6-33 调整过高或过低的空间

- 补充要点 -

现代简约风格配色方案

简约风格的色彩选择上比较广泛，只要遵循清爽原则，颜色和图案与居室本身以及居住者的情况相呼应即可。黑灰白色调在现代简约的设计风格中被作为主要色调广泛运用，让室内空间不会显得狭小，反而有一种鲜明富有个性的感觉。此外，简约风格也可以使用苹果绿、深蓝、大红、纯黄等高纯度色彩，起到跳跃眼球的功效。

课后练习

1. 色彩的属性有哪些？简要概述。

2. 色彩在软装设计中充当哪些角色？

3. 简要概述常见色彩的寓意。

4. 色彩有哪些搭配方式？

5. 色彩可以调整哪些空间缺陷？

6. 课后查阅相关资料，总结各种设计风格的配色方案。

第七章
软装与陈设
风格设计

学习难度：★★★★☆

重点概念：新中式风格、田园风格、简约风格、欧式风格

PPT课件，请在计算机里阅读

◅ 章节导读

　　软装的风格应在硬装风格讨论时一并解决，如果空间的风格是现代简约，软装的搭配风格当然不会是古典的；反之亦然。所以软硬装的风格一致性是最基本的规则。根据各地的建筑风格和地域人文特点，软装风格按照室内软装设计风格大类可以分为：地中海风格、东南亚风格、美式风格、田园风格、英式风格、新古典风格、西班牙风格、现代风格、欧式风格、中式风格、日式风格等。软装设计师根据各种风格的特点和元素进行相关的软装设计（图7-1）。

图7-1　书房软装设计

第一节　新中式风格

一、设计手法

　　新中式风格是指将中国古典建筑元素提炼融合到现代人的生活和审美习惯中的一种装饰风格，让传统元素更具有简练、大气、时尚的特点，让现代装饰更具有中国文化韵味。设计上采用现代的手法诠释中式风格，形式比较活泼，用色大胆，结构也不讲究中式风格的对称，家具更可以用除红木以外的更多的选择来混搭，字画可以选择抽象的装饰画，饰品也可以用东方元素的抽象概念作品。在软装配饰上，如果能以一种东方人的"留白"美学观念控制节奏，更能显出大家风范（图7-2）。

二、常用元素

1. 家具

　　新中式风格的家具可为古典家具，或现代家具与古典家具相结合。中国古典家具以明清家具为代表，在新中式风格家居中多以线条简练的明式家具为主（图7-3），有时也会加入陶瓷鼓凳的装饰，实用的同时起到点睛作用（图7-4）。

图7-2　中式风格

图7-3　古典家具

图7-4　陶瓷鼓凳

2. 抱枕

如果空间的中式元素比较多，抱枕一般选择简单、纯色的款式，通过正确把握色彩的挑选与搭配，突出中式韵味（图7-5）；当中式元素比较少时，可以赋予抱枕更多的中式元素，如花鸟、窗格图案等（图7-6）。

3. 窗帘

新中式的窗帘多为对称的设计，帘头比较简单，运用了一些拼接方法和特殊剪裁。可以选一些仿丝材质，既可以拥有真丝的质感、光泽和垂坠感，金色、银色的运用，还添加时尚感觉，如果运用金色和红色作为陪衬，可表现出华贵而大气（图7-7）。

图7-5　纯色的款式

图7-6　绣花的抱枕

图7-7 特殊剪裁的帘头

图7-8 屏风

4. 屏风

新中式风格常常会用到屏风的元素，起到空间隔断的功能，一般用在面积较大的空间之间，或沙发、椅子背后（图7-8）。

5. 饰品

除了传统的中式饰品，搭配现代风格的饰品或者富有其他民族神韵的饰品也会使新中式空间增加文化的对比（图7-9）。如以鸟笼、根雕等为主题的饰品，会给新中式环境融入大自然的想象，营造出休闲、雅致的古典韵味（图7-10）。

6. 花艺

新中式风格的花艺设计以"尊重自然、利用自然、融合自然"的自然观为基础，植物选择枝杆修长、叶片飘逸、花小色淡的种类为主，如松、竹、梅、菊花、柳枝、牡丹、茶花、桂花、芭蕉、迎春、菖蒲、水葱、鸢尾等，创造富有中国文化意境的花艺环境（图7-11、图7-12）。

图7-9 中式台灯

图7-10 鸟笼式吊灯

图7-11　花艺设计

图7-12　梅花

- 补充要点 -

新中式风格与中式风格的区别

中式风格，造型讲究对称，缺乏现代气息，比较在意的腔调是壮丽华贵。新中式风格，讲究传统元素和现代元素的结合，比较在意的腔调是清雅含蓄。

新中式风格就是作为传统中式风格的现代设计理念，通过提取传统精华元素和生活符号进行合理的搭配、布局，在整体设计中既有中式传统韵味又更多的符合了现代人的生活特点，让古典与现代完美结合，传统与时尚并存。新中式风格就是在中式风格的基础上，添加了一些现代元素。作为现代风格与中式风格的结合，新中式风格更符合当代年轻人的审美观点，所以新中式风格装修越来越受到80、90后的青睐。

第二节　地中海风格

一、设计手法

地中海风格是9~11世纪起源于地中海沿岸的一种设计风格，它是海洋风格装修的典型代表，因富有浓郁的地中海人文风情和地域特征而得名，具有自由奔放、色彩多样明媚的特点。地中海风格通常将海洋元素应用到家居设计中，给人蔚蓝明快的舒适感（图7-13）。

由于地中海沿岸对于房屋或家具的线条不是直来直去的，显得比较自然，因而无论是家具还是建筑，都形成一种独特的浑圆造型。拱门与半拱门窗，白灰

图7-13　地中海风格

泥墙是地中海风格的主要特色，常采用半穿凿或全穿凿来增强实用性和美观性，给人一种延伸的透视感。在材质上，一般选用自然的原木、天然的石材等，再用马赛克、小石子、瓷砖、贝壳、玻璃片、玻璃珠等作为点缀装饰。家具大多选择一些做旧风格的，搭配自然饰品，给人一种风吹日晒的感觉。

二、常用元素

1. 家具

家具最好是选择线条简单、圆润的造型，并且有一些弧度，材质上最好选择实木（图7-14）或藤类（图7-15）。

2. 灯具

地中海风格灯具常见的特征之一是灯具的灯臂或者中柱部分常常会做擦漆做旧处理，这种处理方式除了让灯具流露出类似欧式灯具的质感，还可展现出在地中海的碧海晴天之下被海风吹蚀的自然印迹（图7-16）。地中海风格灯具还通常会配有白陶装饰部件或手工铁艺装饰部件，透露着一种纯正的乡村气息。地中海风格的台灯会在灯罩上运用多种色彩或呈现多种造型，壁灯在造型上往往会设计成地中海独有的美人鱼、船舵、贝壳等造型（图7-17）。

3. 布艺

窗帘、沙发布、餐布、床品等软装布艺一般以天然棉麻织物为首选，由于地中海风格也具有田园的气息，所以使用的布艺面料上经常带有低彩度色调的小碎花、条纹或格子图案（图7-18）。

4. 绿植

绿色的盆栽是地中海风格不可或缺的一大元素，一些小巧可爱的盆

图7-14　实木家具

图7-15　藤类家具

栽让空间显得绿意盎然，就像在户外一般。也可以在角落里安放一两盆吊兰，或者是爬藤类的植物，制造出一大片的绿意（图7-19）。

5. 饰品

地中海风格适合选择与海洋主题有关的各种饰品，如帆船模型、救生圈（图7-20）、水手结、贝壳工艺品、木雕上漆的海鸟和鱼类等，也包括独特的锻打铁艺工艺品、各种蜡架、钟表、相架和墙上挂件等（图7-21）。

图7-16　地中海风格吊灯

图7-17　地中海风格台灯

图7-18　条纹沙发

图7-19　小巧可爱的盆栽

图7-20　救生圈

图7-21　墙上挂件（帆船）

第三节　东南亚风格

一、设计手法

东南亚风格的特点是色泽鲜艳、崇尚手工，自然温馨中不失热情华丽，通过细节和软装来演绎原始自然的热带风情。相比其他设计风格，东南亚风格在发展中不断融合和吸收不同东南亚国家的特色，极具热带民族原始岛屿风情（图7-22）。

东南亚风格家居崇尚自然，木材、藤、竹等材质成为装饰首选。大部分的东南亚家具采用两种以上材料混合编织而成。藤条与木片、藤条与竹条，材料之间的宽、窄、深、浅，形成有趣的对比。工艺上以纯手工编织或打磨为主，完全不带一丝工业化的痕迹。古朴的藤艺家具、搭配葱郁的绿化，是常见的表现东南亚风格的手法。由于东南亚气候多闷热潮湿，所以在软装上要用夸张艳丽的色彩打破视觉的沉闷。香艳浓烈的色彩被运用在布艺家具上，如床帏处的帐幕、窗台的纱幔等。在营造出华美绚丽的风格的同时，也增添了丝丝妩媚柔和的气息。

二、常用元素

1. 家具

泰国家具大都体积庞大，典雅古朴，极具异域风情。柚木制成的木雕家具是东南亚装饰风情中最为抢眼的部分。此外，东南亚装修风格具有浓郁的雨林自然风情，增加藤椅、竹椅一类的家具再合适不过了（图7-23、图7-24）。

2. 灯具

东南亚风格的灯饰大多就地取材，贝壳、椰壳、藤、枯树干等都是灯饰的制作材料（图7-25）。东南亚风格的灯饰造型具有明显的地域民族特征，如铜制

图7-22　东南亚风格

图7-23　造型古朴的家具

图7-24　竹篓

的莲蓬灯、手工敲制出具有粗糙肌理的铜片吊灯、一些大象等动物造型的台灯等（图7-26）。

3. 窗帘

东南亚风格的窗帘一般以自然色调为主，完全饱和的酒红、墨绿、土褐色等最为常见（图7-27）。设计造型多反映民族的信仰，棉麻等自然材质为主的窗帘款式往往显得粗犷自然，还拥有舒适的手感和良好的透气性（图7-28）。

4. 抱枕

泰丝质地轻柔，色彩绚丽，富有特别的光泽，图案设计也富于变化，极具东方特色。用上好的泰丝制成抱枕，无论是置于椅上还是榻头，都彰显着高品位的格调（图7-29）。

5. 纱幔

纱幔妩媚而飘逸，是东南亚风格家居不可或缺的装饰。可以随意在茶几上摆放一条色彩艳丽的绸缎纱

图7-25　芭蕉叶造型吊灯

图7-26　台灯

图7-27　酒红色窗帘

图7-28　棉麻窗帘

图7-29 抱枕

幄，或是作为休闲区的软隔断，还可以在床架上用丝质的纱幄绾出一个大大的结，营造出异域风情（图7-30、图7-31）。

6. 饰品

东南亚风格饰品的形状和图案多和宗教、神话相关。芭蕉叶、大象、菩提树、佛手等是饰品的主要图案。此外，东南亚的国家信奉神佛，所以在饰品里面也能体现这一点，一般在东南亚风格环境空间里面多少会看到一些造型奇特的神、佛等金属或木雕的饰品（图7-32、图7-33）。

图7-30 床架上丝质的纱幄

图7-31 色彩艳丽的绸缎纱幄

图7-32 佛像

图7-33 各类饰品

第四节 欧式风格

一、设计手法

欧式风格的特点是端庄典雅、华丽高贵、金碧辉煌，体现了欧洲各国传统文化内涵。欧式风格按不同的地域文化可分为北欧、简欧和传统欧式。它在形式上以浪漫主义为基础，装修材料常用大理石，多彩的织物，精美的地毯，精致的法国壁挂，整个风格豪华、富丽，充满强烈的动感效果。一般说到欧式风格，会给人以豪华、大气、奢侈的感觉，主要的特点是采用了罗马柱、壁炉、拱形或尖的拱顶、顶部灯盘或者壁画等具有欧洲传统的元素（图7-34）。欧式风格多用在别墅、会所和酒店的工程项目中。一般这类工程通过欧式风格来体现一种高贵、奢华、大气等感觉。在一般住宅公寓项目中，也常用欧式风格。

二、常用元素

欧式风格中的绘画多以基督教内容为主。欧式风格的顶部灯盘造型常用藻井（图7-35）、拱顶、尖肋拱顶和穹顶（图7-36）。与中式风格的藻井方式不同的是，欧式的藻井吊顶有更丰富的阴角线。

丰富的墙面装饰线条或护墙板在现代的室内设计中，考虑更多的经济造价因素而常用墙纸代替，带有复古纹样色彩的墙纸是欧式风格中不可或缺的材料（图7-37）。地面一般采用波打线及拼花进行丰富或美化，也常用实木地板拼花方式。一般都采用小几何尺寸块料进行拼接（图7-38）。木材常用胡桃木、樱桃木以及榉木为原料（图7-39），石材常用的有爵士白、深啡网、浅啡网、西班牙米黄等。

欧式风格的装饰细节与古典欧式风格稍有区别，多以人物、风景、油画为主，以石膏、古铜、大理石等雕工精致的雕塑为辅。而具有历史沉淀感的仿古

图7-34 欧式风格

图7-35 藻井

图7-36 穹顶

图7-37 复古纹样色彩的墙纸

图7-38 地面拼花

图7-39 实木家具

钟，精致的台灯，都可以把空间点饰得无比清逸，将质感和品味完美地融合在一起，凸显出古典欧式雍容大气的家具效果（图7-40、图7-41）。

欧式风格整体在材料选择、施工、配饰方面上的投入比较高，多为同一档次其他风格的数倍以上，所以更适合在较大别墅、宅院中运用，而不适合较小户型。

图7-40 精致的台灯

图7-41 油画装饰

第五节　日式风格

一、设计手法

日式风格又称和式风格，这种风格的特点是适用于面积较小的空间，其装饰简洁、淡雅。一个略高于地面的榻榻米平台，配上日式矮桌，草席地毯，布艺或皮艺的轻质坐垫、纸糊的日式移门等，都是这种风格重要的组成要素。日式风格中没有很多的装饰物去装点细节，所以使整个空间显得格外的干净利索。它一般采用清晰的线条，使居室的布置带给人以优雅、清洁的感觉，并有较强的几何立体感。日式风格特别能与大自然融为一体，借用外在自然景色，为设计带来无限生机（图7-42）。

二、常用元素

在空间布局上，讲究空间的流动与分隔，流动则为一室，分隔则分几个功能空间，空间中总能让人静静地思考，禅意无穷（图7-43）。在材质运用方面，传统的日式风格将自然界的材质大量运用于装修、装饰中，不推崇豪华奢侈、金碧辉煌，以淡雅节制（图7-44）、深邃禅意为境界，重视实际功能（图7-45）。

图7-42　日式风格

图7-43　空间的流动与分隔

图7-44　淡雅的家居装饰

图7-45　深邃禅意的氛围

传统的日式家具以清新自然、简洁淡雅的独特品味，形成了独特的家具风格。选用材料上也特别注重自然质感，营造的闲适写意、悠然自得的生活境界（图7-46）。

在日本的住所中，客厅餐厅等对外部分是使用沙发、椅子等现代家具的洋室，卧室等对内部分则是使用榻榻米、灰砂墙、杉板、糊纸格子拉门等传统家具的和室（图7-47、图7-48）。

图7-47 榻榻米

图7-46 清新自然的日式家具

图7-48 糊纸格子拉门

－ 补充要点 －

日式风格的渊源

日式家具和日本家具是两个不同的范畴，日式家具只是指日本传统家具，而日本家具无疑还包括非常重要的日本现代家具。传统日式家具的形制，与古代中国文化有着莫大的关系。而现代日本家具的产生，则完全是受欧美国家熏陶的结果。日本学习并接受了中国初唐低床矮案的生活方式后，一直保留至今，形成了独特完整的体制。明治维新以后，在欧风美雨之中，西洋家具伴随着西洋建筑和装饰工艺强势登陆日本，以其设计合理、形制完善、符合人体工学，对传统日式家具形成了巨大的冲击。但传统家具并没有消亡。时至今日，西式家具在日本虽然占据主流，而双重结构的做法也一直沿用至今。

第六节　田园风格

一、设计手法

　　田园风格最初出现于20世纪中期，泛指在欧洲农业社会时期已经存在数百年历史的乡村家居风格，以及美洲殖民时期各种乡村农舍风格。田园风格并不专指某一特定时期或者区域。它可以模仿乡村生活般朴实而又真诚，也可以是贵族在乡间别墅里的世外桃源（图7-49）。

　　家居的本质就是让生活在其中的人感到亲近和放松，在大自然的怀抱中享受精致的人生。仿古砖是田园风格地面材料的首选，粗糙的感觉让人觉得它朴实无华，更为耐看。可以打造出一种淡淡的清新之感；百叶门窗一般可以做成白色或原木色的拱形，除了当作普通的门窗使用，还能作为隔断；铁艺可以做成不同的形状，或为花朵，或为枝蔓，用铁艺制作而成的铁架床、铁艺与木制品结合而成的各式家具，让乡村的风情更本质；布艺质地的选择上多采用棉、麻等天然制品，与乡村风格不事雕琢的追求相契合。有时也在墙上挂一幅毛织壁挂，表现的主题多为乡村风景；运用砖纹、碎花、藤蔓图案的墙纸，或者直接运用手绘墙，也是田园风格的一个特色表现。

二、常用元素

1. 家具

　　田园风格在布艺沙发的选择上可以选用小碎花、小方格等一类图案，色彩上粉嫩、清新，以体现田园大自然的舒适宁静；再搭配质感天然、坚韧的藤质桌椅、储物柜等简单实用的家具，让田园风情扑面而来（图7-50、图7-51）。

2. 桌布

　　亚麻材质的布艺是体现田园风格的重要元素，在台面或桌子上面铺上亚麻材质的精致桌布，上面再摆上小盆栽，立即散发出浓郁的大自然田园风情（图

图7-49　田园风格

图7-50　碎花沙发

图7-51　藤质椅子

7-52）。

3. 窗帘

各种风格无论美式田园、英式田园、韩式田园、法式田园、中式田园均可拥有共同的窗帘特点，即由自然色和图案合成窗帘的主体，而款式以简约为主（图7-53、图7-54）。

4. 床品

田园风格床品同窗帘一样，都由自然色和自然元素图案的布料制作而成，而款式则以简约为主，尽量不要有过多的装饰（图7-55）。

5. 花艺

较男性风格的植物不太适合田园风情，一般选择满天星、薰衣草、玫瑰等有芬芳香味的植物装点氛围。同时将一些干燥的花瓣和香料穿插在透明玻璃瓶甚至古朴的陶罐里（图7-56、图7-57）。

6. 餐具

田园风格的餐具与布艺类似，多以花卉、格子等图案为主，也有纯色但本身在工艺上镶有花边或凹凸纹样的，其中骨瓷因为质地细腻光洁而深受推崇（图7-58）。

图7-52 亚麻材质的桌布

图7-53 美式田园窗帘

图7-54 英式田园窗帘

图7-55 简约的床品

图7-56　花艺

图7-57　玫瑰花艺

图7-58　花卉图案餐具

第七节　新古典主义风格

一、设计手法

新古典风格传承了古典风格的文化底蕴、历史美感及艺术气息，同时将繁复的空间装饰凝练得更为简洁精雅，为硬而直的线条配上温婉雅致的软性装饰，将古典美注入简洁实用的现代设计中，使得空间装饰更有灵性。古典主义在材质上一般会采用传统木质材质，用金粉描绘各个细节，运用艳丽大方的色彩，注重线条的搭配以及线条之间的比例关系，令人强烈地感受传统痕迹与浑厚的文化底蕴，但同时摒弃了过往古典主义复杂的肌理和装饰（图7-59）。

新古典风格常用材料包括浮雕线板与饰板、水晶灯、彩色镜面与明镜、古典墙纸、层次造型天花、罗马柱等。墙面上减掉了复杂的欧式护墙板，使用石膏线勾勒出线框，把护墙板的形式简化到极致。地面经常采用石材拼花，用石材天然的纹理和自然的色彩来修饰人工的痕迹，使奢华和品位的气质毫无保留地流淌。

二、常用元素

1. 家具

新古典风格家具摒弃了古典家具过于复杂的装饰，简化了线条。它虽有古典家具的曲线和曲面，但少了古典家具的雕花，又多用现代家具的直线条。新

图7-59　新古典风格

图7-60　实木雕花的家具

图7-61　曲线造型的床架

图7-62　水晶吊灯

古典的家具类型主要有实木雕花、亮光烤漆、贴金箔或银箔、绒布面料等（图7-60、图7-61）。

2. 灯具

灯具的选择以华丽、璀璨的材质为主，如水晶（图7-62）、亮铜（图7-63）等，再加上暖色的光源，达到冷暖相衬的奢华感。

3. 布艺

色调淡雅、纹理丰富、质感舒适的纯麻、精棉、真丝、绒布等天然华贵面料都是新古典风格家居必然之选。窗帘可以选择香槟银、浅咖啡色等，以绒布面料为主，同时在款式上应尽量考虑加双层（图7-64、图7-65）。

4. 绿植

新古典风格的家居十分注重室内绿化，盛开的花篮、精致的盆景、匍匐的藤蔓可以增加亲和力（图7-66、图7-67）。

图7-63　亮铜吊灯

图7-64　绒布窗帘

5. 饰品

几幅具有艺术气息的油画，复古的金属色画框，古典样式的烛台，剔透的水晶制品，精致的银或陶瓷的餐具，包括老式的挂钟、电话和古董，都能为新古典主义的怀旧气氛增色不少（图7-68、图7-69）。

图7-65 绒布床品

图7-66 盛开的花篮

图7-67 精致的盆景

图7-68 银制装饰品

图7-69 油画

- 补充要点 -

新古典主义装修风格的起源

新古典是在传统美学的规范之下，运用现代的材质及工艺，去演绎传统文化中的经典，不仅拥有典雅、端庄的气质，并具有明显的时代特征。新古典主义作为一个独立的流派名称，最早出现于18世纪中叶欧洲的建筑装饰设计界。它的精华来自古典主义，但不是仿古，更不是复古，而是追求神似。新古典设计讲求风格，用简化的手法、现代的材料和加工技术去追求传统样式的大致轮廓特点，注重装饰效果，用陈设品来增强历史文脉特色。

第八节　现代简约风格

一、设计手法

简约主义是从20世纪80年代中期对复古风潮的叛逆和极简美学的基础上发展起来的，20世纪90年代初期，开始融入室内设计领域。以简洁的表现形式来满足人们对空间环境那种感性的、本能的和理性的需求，这就是现代简约风格（图7-70）。

现代简约风格强调少即是多，舍弃不必要的装饰元素，将设计的元素、色彩、照明、原材料简化到最少的程度，追求时尚和现代的简洁造型、愉悦色彩。现代简约风格在硬装的选材上不再局限于石材、木材、面砖等天然材料，而是将选择范围扩大到金属、涂料、玻璃、塑料以及合成材料，并且夸大材料之间的结构关系。装修简便、花费较少却能取得理想装饰效果的现代简约风格是当今流行趋势，这类风格对空间的要求不高，一般为中小户型公寓、平层住宅或办公楼均可。

二、常用元素

1. 家具

现代简约风格的家具通常线条简单，沙发、床、桌子一般都为直线（图7-71），不带太多曲线，造型简洁，强调功能，富含设计或哲学意味，但不夸张（图7-72）。

2. 布艺

现代简约风格不宜选择花纹过重或是颜色过深的布艺，通常比较适合的是一些浅色并且具有简单大方的图形和线条作为修饰的类型，这样显得更有线条感（图7-73）。

3. 灯具

金属是工业化社会的产物，也是体现现代简约风格最有力的手段，各种不同造型的金属灯（图7-74），都是现代简约风格的代表元素（图7-75）。

图7-71　线条简单的椅子

图7-70　现代简约风格

图7-72　富含设计感的桌椅

图7-73　浅色窗帘与布艺

图7-74　金属灯

图7-75　造型独特的台灯

4. 装饰画

现代简约风格可以选择抽象图案或者几何图案的挂画，三联画的形式是一个不错的选择。装饰画的颜色和空间的主体颜色相同或接近比较好，颜色不能太复杂，也可以根据喜好选择搭配黑白灰系列线条流畅具有空间感的平面画（图7-76）。

5. 花艺

现代简约风格空间大多选择线条简约，装饰柔美、雅致或苍劲有节奏感的花艺。线条简单呈几何图形的花器是花艺设计造型的首选。色彩以单一色系为主，可高明度、高彩度，但不能太夸张，银、白、灰都是不错的选择（图7-77、图7-78）。

图7-76　具有空间感的平面画

图7-77　线条简约的花艺

图7-78　线条简单的花器

6. 饰品

现代简约风格饰品数量不宜太多，摆件饰品则多采用金属、玻璃或瓷器材质为主的现代风格工艺品（图7-79、图7-80）。

各种软装设计风格的特点汇总于表7-1。

图7-79　金属摆件

图7-80　玻璃饰品

表7-1　软装设计风格一览表

序号	风格	特点	家具	布艺	花艺	配色	饰品	灯具
1	新中式风格	具有中国文化韵味，讲究纲常，讲究对称	明清家具与现代家具结合	花鸟、窗格图案等	松、竹、梅、菊、茶花等	以深色为主的黑、白、灰	青花瓷、陶艺、中式窗花、字画、根雕等	中式宫灯等
2	地中海风格	极具亲和力的田园风情自由奔放、色彩多样明亮	锻打铁艺家具，擦漆做旧	以低彩度色调和棉织品为主，素雅的小细花条纹格子图案	爬藤类植物、小巧可爱的绿色盆栽	蓝与白、土黄与红褐、黄、蓝紫和绿	帆船模型、救生圈、水手结、贝壳工艺品、钟表、相架等	灯具擦漆做旧处理，美人鱼造型等
3	东南亚风格	富有禅意，浓郁的民族特色	取材自然，以纯天然的藤竹柚木为材质	色彩艳丽，多为深色系纱幔	大型的棕榈树及攀藤植物，生意盎然	采用原始材料的色彩搭配	芭蕉叶、神、佛等金属或木雕的饰品	铜制的莲蓬灯、铜片吊灯、动物造型的台灯等
4	欧式风格	端庄典雅、华丽高贵、金碧辉煌	宽大，厚重、有质感	丝质面料，紫色系或厚重的深色	玫瑰、郁金香、花枝较大，色彩艳丽	以白色和淡色系为主	油画、雕塑工艺品	大型灯池、水晶吊灯、枝形吊灯、烛台吊灯等

续表

序号	风格	特点	家具	布艺	花艺	配色	饰品	灯具
5	日式风格	讲究空间的流动与分隔追求淡雅节制、深邃禅意	家具低矮且不多，原木色家具，榻榻米	天然朴实的材料，浅色	结构简单，用色少，以绿植点缀	色彩多偏重于原木色，注重素雅	日式人偶、持刀武士、传统仕女画、扇形画等	日式纸灯球形或柱形灯罩
6	田园风格	朴实，亲切，实在，贴近自然，向往自然	多以白色为主，木制的较多	棉、麻布艺制品，碎花图案	小盆绿植、满天星、薰衣草等	绿色与白色、粉色与米色	复古花瓶、铁艺饰品	烛台吊灯、水晶吊灯、羊皮纸吊灯等
7	新古典主义风格	古典风格的文化底蕴、历史美感及艺术气息	实木雕花、亮光烤漆、贴金箔或银箔、绒布面料等	色调淡雅、质感舒适的纯麻、精棉、真丝、绒布等天然华贵面料	盛开的花篮、精致的盆景、匍匐的藤蔓	白与金，米黄与暗红	油画，画框，烛台，水晶制品，陶瓷的餐具，老式的挂钟、电话和古董等	华丽、璀璨的材质为主，如水晶、亮铜等
8	现代简约风格	少即是多，舍弃不必要的装饰元素	线条简单，造型简洁，强调功能，富含设计或哲学意味	浅色并且具有简单大方的图形和线条	线条简约，装饰柔美	以黑白灰色为主，可适当采用亮色进行点缀	金属、玻璃或者瓷器材质为主的现代风格工艺品	不同造型的金属灯

课后练习

1. 新中式风格与中式风格有哪些区别？

2. 日式风格的设计要素有哪些？

3. 地中海风格的主要特征是什么？

4. 课后查阅相关知识，简述美式风格、欧式风格、英式风格三者的区别。

5. 东南亚风格的家具有哪些特征？

6. 简述现代简约风格兴起的原因。

第八章
软装与陈设
设计案例

学习难度：★☆☆☆☆
重点概念：商业空间、家居空间、休闲娱乐空间

◂ **章节导读**

软装是关于整体环境、空间美学、陈设艺术、生活功能、材质风格、意境体验、个性偏好、风水文化等多种复杂元素的创造性融合。软装范畴包括家庭住宅、商业空间，如酒店、会所、餐厅、酒吧、办公空间等，只要有人类活动的环境空间都需要软装陈设（图8-1）。

图8-1　客厅壁炉软装配置

第一节　家居空间

一、概念

软装饰设计在家居装修中至关重要。在一个空间里，首先必须满足功能上的要求，同时又要追求美观，保障安全。室内用品要满足使用功能、安全系数及美观效果的要求。这些用品必须根据其价值、使用功效以及主人生活需求的特点来确定大小规格、色彩造型、放置位置以及同整个家居空间的关系比例、协调程度等，这些均得在装潢施工前考虑。软装饰设计将直接体现家居装修的功能效果，它能柔化空间，增细室内装饰的虚实对比感，营造室内装修的艺术气氛，突出装饰风格，体现人的个性。

在实践中，要根据家居空间的大小形状、装饰投资和人的生活习惯、兴趣爱好，从整体上来综合策划装饰设计方案。在确定整体设计风格的前提下，对每一个空间设计均要重视软装饰的设计。

二、案例赏析

东南亚风格家居空间卧室采用很简单的装修，一顶红色的吊灯作为点缀，使得卧室简单却不单调。家具具有浓厚的古朴气息，床品的花纹与抱枕搭配融洽，营造了温馨舒适的氛围（图8-2）。

图8-2　卧室

图8-3 客厅

客厅的装饰以绿色和紫红色为主，抱枕和桌布色彩极为丰富，并与窗帘互相呼应。增加绿植和木质椅子的搭配，让空间呈现层次感，呈现了鲜活而静谧的东南亚印象（图8-3）。

图8-4 书房

东南亚风格是典型的热带装饰风格，书房鲜艳跳跃的色彩也抵挡不住天然材料家具所带来的清雅氛围。

东南亚地区宗教盛行，佛像或一些宗教圣物摆件置于各个角落，带来了如寺庙一般的神圣安宁（图8-4）。

图8-5 玄关

图8-6 门厅

深绿色的墙面作为基调，配合石纹的地面在家的入口处营造了一条幽静的通道。

灯光是营造氛围的最佳助手，而在东南亚风格中暖色光源可以带来寺庙中的环境氛围，东南亚风格要使用暖光源。射灯的光洒在佛像画上，再添加一盆鲜活的绿植，玄关处祥和又不失活力（图8-5）。

收纳柜用天然木材所制，瓷瓶与绿植的配合非常和谐，凸显了东南亚风格崇尚自然的特色（图8-6）。

图8-7 厨房

图8-8 卫生间

厨房的设计极为简单，仍然是利用极具自然特性的绿色瓷砖装饰墙面，橱柜选择实木材料，配合金黄色的玻璃门，乏味的厨房也添加了趣味（图8-7）。

墙面的绿色瓷砖与实木的浴盆，以及墙角的绿植，使得卫生间充满了自然特色。若是配以布艺窗帘则会显得不融洽，而黑色百叶窗的配合，保留了卫生间的原有氛围（图8-8）。

第二节　办公空间

一、概念

办公空间较早是西方古代的宫殿或大型庙宇引入的概念。办公空间软装是指对办公空间整体的规划、装饰。在符合该办公行业特点、使用要求和工作性质的前提下，对办公空间做出不同装饰设计。一般办公空间设计分为会议室、经理室、前台区域和集体办公空间。

在设计办公空间时，首先要对企业类型及企业文化进行深入的了解，使设计具有个性化与生命感。其次要了解企业内部机构的设置及其相互的联系，才能确定各部门所需面积设置和规划好人流线路。再次，针对办公空间装修设计要有前瞻性的考虑，规划通讯、电脑及电源、开关、插座等整体布线必须注意其整体性和实用性。最后，应尽量利用简洁的建筑手法，在规划灯光、空调和选择办公家具时，应充分考虑其适用性和舒适性。

二、案例赏析

前台接待区装修设计应该考虑到合理性问题，合理划分行动区域，尽量能够引导来访者简短、直接地走进接待室。

接待区设置的数量、规格要根据企业公共关系活动的实际情况而定。接待区要提倡公用，以提高利用率。接待区的布置要干净美观大方，可摆放一些企业标志物和绿色植物及鲜花，以体现企业形象和烘托工作气氛（图8-9）。

图8-9　前台接待区

图8-10　会议室

图8-11　经理办公室

图8-12　茶水间

会议室一般是指供开会用的空间场地，同时又是放置会议电话设备的场所，因此会议室的设计合理性会决定会议电视图像的观看效果，也直接影响了开会的效率（图8-10）。

在办公室装修软装当中经理办公室设计是相当重要的，一个好的经理室软装能充分地反映企业的整体实力，同时也能显示出企业的发展与经营情况（图8-11）。

茶水间是装修的一部分，它是属于员工轻松自在的空间范围。在设计时候就要显得轻松自在，并且空间的设计显得随意。

在椅子上的选择也是简单大方的，一改办公室的办公椅，椅子的靠背是较低的，略显舒服。墙的装饰和地面的铺设活泼大方，突出放松身心（图8-12）。

现在许多企业办公室装修采用矮隔断式的家具，它可以将数件办公桌以隔断方式相连，形成一个小组，在布局中将这些小组以直排或斜排的方式来巧妙组合，使其设计在变化中达到合理的要求（图8-13）。

图8-13　分组的办公桌摆放形式

花卉和植物是世界上唯一百看不厌的东西。在办公室软装设计中可以在自己座位附近摆设一些或大或小的与周围环境搭配的花卉和植物，让所有靠近你的人都有好心情，让气氛祥和，办公效率大大提高（图8-14）。

图8-14　花卉和植物

第三节　休闲娱乐空间

一、概念

休闲娱乐空间众多，以酒店为例，酒店作为商业场所，其存在价值在于商业利益，追求利润最大化。酒店软装设计的目的也是为了通过优质的酒店软装设计效果增加酒店自身的魅力，作为一张免费的"名片"，吸引客人初次或二次光顾，增加收入。酒店软装设计十分重要。

酒店的定位一定要明确，并在酒店建设中持之以恒地贯彻下去。要从酒店的功能区、舒适度、管理便捷性等多方面对酒店进行定位，列出详细、可操作性强的清单与标准，对于避免错误，减少损失是十分有必要的。如果酒店定位于中高端星级酒店，那么就在预算上稍微放松，要记住，最大的浪费是建好后不满意重新来过，这样的费用比开始就使用豪华材料要浪费的多。实用要与装饰相结合，酒店无论多么重视装饰效果，如何追求装饰上的"星级"，吸引客人眼球，实用性永远是基础，是绝对的核心。

二、案例赏析

泰国曼谷香格里拉酒店是一个独特的休闲空间，能从人的感官出发。该酒店外，设有舒适的桌椅及特色小吃，绿植与灯光在夜色下相互辉映，加上浪漫的湖景，令人得到非凡的感官体验（图8-15）。

软装设计的基本标准是保证整体软硬装风格统一，软装与硬装相结合，最大化的营造整体靓丽空间效果。

该酒店大堂软装与硬装完美结合，宽阔的空间与大理石地板营造了大气奢华的氛围，穹顶的设计增添了欧式典雅复古韵味。华丽的吊灯与精致的地毯使得奢华的氛围变得更加层次化（图8-16）。

酒店的餐厅很好地反映了东南亚地区崇尚宗教的特色，金色大佛坐卧在穹顶之下，浓厚的宗教氛围在餐厅蔓延。

颜色鲜艳的地毯，木质的桌椅，都体现了东南亚风格亲近自然的特色，让人在用餐时也感叹异国文化的魅力（图8-17）。

适宜商业人士的会议室，设计也别出心裁。窗外的绿植以及桌面的鲜花为会议的严肃氛围释放压力。造型别致的吊灯，配以深红色调的墙面装饰，严整中营造了静谧舒适的氛围（图8-18）。

图8-16　酒店大堂

图8-17　酒店餐厅

图8-15　酒店外景

图8-18　酒店会议室

图8-19 酒店休闲区

整体灯光采用暖色调，很符合空间功能的特征。蜡烛与鲜花，独具浪漫的泳池引人注目。家具线条流畅，墙面自然纹饰，浮夸却不过度（图8-19）。

第四节 餐饮空间

一、概念

软装饰在餐饮空间设计中是一个非常重要的内容，其形式多样、内容多彩、范围广泛，起着其他物质功能所无法替代的作用。

餐厅软装饰在造型上常常以大统一、小变化为原则，协调统一、多样而不杂乱。在直线构成的餐厅空间中故意安排曲线形态的陈设或带有曲线图案的软装，使用形态对比而产生生动的感受。采用有一定体量的造型雕塑或者是现代陶艺作品作为软装饰，在餐厅软装饰设计中也很常见，这些软装饰不仅提高了环境的品味和层次，还创造了一种文化氛围。从餐厅设计的整体效果出发，以取得统一的效果为宗旨。采用与背景质地形成对比效果的软装饰，突出其材质美是一种常见的手法。

二、案例赏析

餐厅的软装饰要能表达一定的思想内涵和精神文化，才能给客人留下深刻的印象。

该餐厅以农家菜为特色，在其软装饰方面尽显其风味。大蒜本为食材，不同颜色的大蒜头串在一起，并列挂在墙上，竟也成为了一道亮丽的景色（图8-20）。

图8-20 用餐区小包间

图8-21　用餐区

墙壁的玉米串成一串挂在墙上，树下的木质桌椅看似随意摆放，实则有一定的规律。如此浓烈的农家氛围，好像人们正坐在乡村田野间用餐一般。色彩是营造室内气氛最生动、活跃的因素，暖色的灯光可以增强人的食欲，令人舒适惬意（图8-21）。

图8-22　餐厅一侧

墙上的旧报纸使餐厅散发出陈旧年代的气息。盘子被独具创意的粘贴在墙上，并且花纹采用中国传统的青花，营造了一种浓浓的文化气息。文化与餐饮的结合，碰撞出别致的火花（图8-22）。

图8-23　餐厅沙发座

用整根原木垒砌而成的墙面使墙面有了温度，原木上摆放的做旧的酒坛，散发着独特的农家气息，别具一格的中国传统碎花沙发，实为整个餐厅中的一点红，点缀了餐厅的古朴氛围（图8-23）。

第五节　商业空间

一、概念

商业空间的软装设计需要与市场结合得更为紧密，时效性也比起其他类别项目更强，特别是卖场展示空间，快速理解并设计体现品牌的软装氛围是对设计师的一大考验。商业空间中的软装设计就是在当今多元化的审美观和消费价值观下，为消费者在视觉、理智和情感的各种欲望营造满足感。软装虽然是装饰品的整合，但是这些软装设计给空间带来的情感升华，就是让消费者获取更多的附加值。软装让整个商业空间丰满起来，让消费者获得产品之外的氛围美的享受。

二、案例赏析

这是日本的一家服装店，店面设计独具特色。从外面看，整个服装店像一个待拆开的礼物盒，引诱着人们的购物欲望，想进去一窥究竟（图8-24）。

服装店设计较为简洁，橙色与绿色的结合使得整个服装店充满了活力，而这两种颜色也能很好的激发消费者的购买欲望。沙发的设计也彰显了日本家具的简洁风格（图8-25）。

鞋品区将每一件商品都当作艺术品一样设置了展览台，橙色的展览台以一定的规律展开，鞋类商品也依次排开，不会显得杂乱，简洁不失设计感（图8-26）。

图8-25　服装店内

图8-24　服装店外景

图8-26　鞋品区

服装区的服装少而精致，看似毫无规则，实则与店面设计完美地融合在一起。金色的墙面设计，暖色灯光与之辉映，使得服装具有高级感和质感（图8-27）。

图8-27　服装区

课后练习

1. 住宅空间软装设计有哪些要点？

2. 简述商业空间软装设计的要点。

3. 选取生活中的一处空间，对其软装设计做简单的赏析。

4. 如果让你对一间咖啡厅做软装设计，你认为有哪些设计重点？

5. 可尝试对自己家里进行软装设计，如自己的卧室，客厅等。

6. 在生活中，还有哪些空间涉及软装设计？

参考文献
REFERENCES

1. 简名敏. 软装设计师手册. 南京: 江苏人民出版社, 2011.

2. 严建中. 软装设计教程. 南京: 江苏人民出版社, 2013.

3. 许秀平. 室内软装设计项目教程: 居住与公共空间风格. 北京: 人民邮电出版社, 2016.

4. 吴卫光, 乔国玲. 室内软装设计. 上海: 上海人民美术出版社, 2017.

5. 招霞. 软装设计配色手册. 南京: 江苏科学技术出版社, 2015.

6. 叶斌. 新家居装修与软装设计. 福州: 福建科技出版社, 2017.

7. 曹祥哲. 室内陈设设计. 北京: 人民邮电出版社, 2015.

8. 文健. 室内色彩、家具与陈设设计(第2版). 北京: 北京交通大学出版社, 2010.

9. 常大伟. 陈设设计. 北京: 中国青年出版社, 2011.

10. [美]派尔. 世界室内设计史. 北京: 中国建筑工业出版社, 2007.

11. 霍维国. 中国室内设计史. 北京: 中国建筑工业出版社, 2007.

12. 李建. 概念与空间—现代室内设计范例解析. 北京: 中国建筑工业出版社, 2004.

13. 郑曙旸. 室内设计程序. 北京: 中国建筑工业出版社, 2011.

14. 潘吾华. 室内陈设艺术设计. 北京: 中国建筑工业出版社, 2013.

15. 庄荣等. 家具与陈设. 北京: 中国建筑工业出版社, 2004.

16. [美]格思里. 译. 室内设计师便携手册. 北京: 中国建筑工业出版社, 2008.